创业、中彩票、暴富？这些都不用。

作为工薪族，专注长期计划，踏实积累，稳健投资，

一样能积累财富，财务自由。

自由之路，希望能和你们一同前行。

现财务自由

行动指南

财务自由两大要素

建立理财体系

制订财务自由计划

提升收益

积累本金

率

4 建立长期投资组合

3 配置必要的保险

2 安置3年内要用的钱

1 规划紧急备用金

0 弄清楚自己到底有多少钱

现在就开始，没钱是开始的最佳时机，不要等有钱以后

独立思考，理性决策

自主学习，提升认知

建立理财意识

提升收入

明确计划

固定收益

概率思维

非线性思维

记账，制订预算

定期储蓄

P2P不可靠

固定收益类理财产品

债券基金

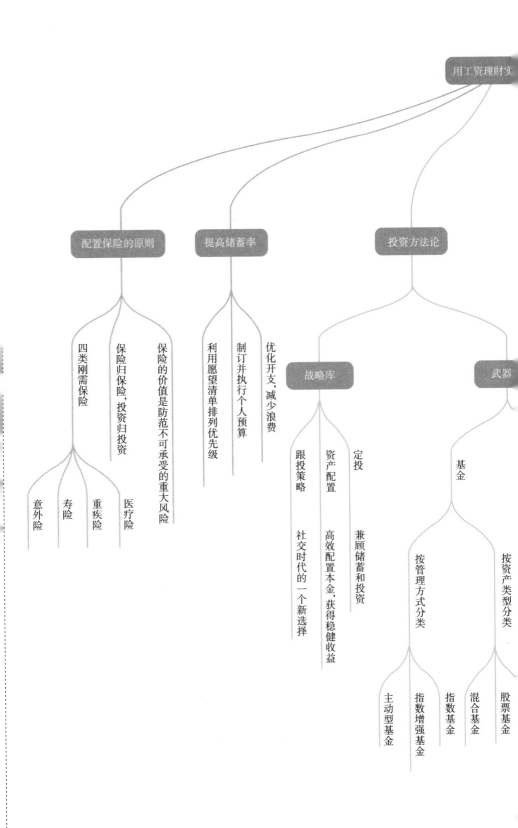

用工资理财实

配置保险的原则
- 四类刚需保险
  - 意外险
  - 寿险
  - 重疾险
  - 医疗险
- 保险归保险，投资归投资
- 保险的价值是防范不可承受的重大风险

提高储蓄率
- 利用愿望清单排列优先级
- 制订并执行个人预算
- 优化开支，减少浪费

投资方法论
- 战略库
  - 跟投策略
  - 资产配置
  - 定投
  - 兼顾储蓄和投资
  - 高效配置本金，获得稳健收益
  - 社交时代的一个新选择
- 武器
  - 基金
    - 按管理方式分类
      - 主动型基金
      - 指数增强基金
      - 指数基金
    - 按资产类型分类
      - 混合基金
      - 股票基金

工薪族
也小谈 著
财务自由说明书

中信出版集团 | 北京

图书在版编目（CIP）数据

工薪族财务自由说明书 / 也小谈著 .-- 北京：中
信出版社，2020.8 (2022.3重印)
ISBN 978-7-5217-1929-1

Ⅰ . ①工… Ⅱ . ①也… Ⅲ . ①财务管理—通俗读物
Ⅳ . ① TS976.15-49

中国版本图书馆 CIP 数据核字（2020）第 091949 号

工薪族财务自由说明书

著　者：也小谈
出版发行：中信出版集团股份有限公司
　　　　　（北京市朝阳区惠新东街甲 4 号富盛大厦 2 座　邮编　100029）
承 印 者：北京诚信伟业印刷有限公司

开　本：787mm×1092mm　1/16　　印　张：12.5　　字　数：150 千字
版　次：2020 年 8 月第 1 版　　　　印　次：2022 年 3 月第 3 次印刷
书　号：ISBN 978-7-5217-1929-1
定　价：59.00 元

这是一本写给工薪族的财务自由说明书，用工资理财也能实现财务自由。

这也是一本工薪族用得上的财富养成指南，包括了从开支预算到储蓄投资的各种方法和思考。

这也是一本教工薪族如何用理财为生活服务的实践手册，理财源于生活，服务生活。

财务自由是很多现实问题的最优解。如果我们能够实现财务自由，那些令人头疼的问题，比如交通、住房、教育，也就不再是问题。财务自由并不需要你有过人的胆识、惊人的运气和高深的智慧，作为工薪族，你只要做好规划，踏踏实实稳步积累，一样可以实现财务自由。

说来你可能意外，我既不是金融专业出身，也不在相关行业从业，我只是一个平凡的工薪族，一名汽车行业的工程师。我利用业余时间学习理财多年，整理出这一套适合工薪族理财和实现财务自由的方法。

老实说，我现在依然在实现财务自由的路上，如果我的计划顺利，我将在 2022 年也就是我 30 岁之际实现财务自由，辞去工作并开始专注于我更热爱的但是收入尚不确定的事业。你可能会感到疑惑，作为一个还没有实现财务自由的人，我为什么敢写这样一本教大家如何实现财务自由的书。

这里我想引用一段薛兆丰老师的话：

> 事实上，人们只是在成功以后，才去编造那些他们成功的理由，从而给人一个印象，仿佛他们的成功是必然的。而事实上，是他们成功了，才有意无意地去剪裁、定制他们当初的理由，去强调过去某些想法，去忽略甚至去隐瞒过去的另外一些想法。

所以我决定把这件事反过来，我对自己会按计划在30岁左右实现财务自由深信不疑。我也不想成功以后再来夸夸其谈，所以我介绍的这些方法不是我成功以后东拼西凑的裁剪结果，而是实打实的完整方案，很多年以后我可以底气十足地说："这就是我的计划，我就是按照这个计划一步步实现财务自由的。"

这本书按照一个人实现财务自由所需要的理财要素分成四个主要部分：

- 准备阶段。为自己制订一个可量化的财务自由计划，想清楚为了财务自由我们都需要准备和付出些什么。
- 投资攻略。理解复利，理解被动收入，实现开源，获得简单实用、易上手、收益有保障的投资策略。
- 高效储蓄。实现享受生活与本金积累"两手抓"，理性消费并不难。
- 理解保险。有效配置保险，为自己的财务自由之路和未来生活保驾护航。

　　财务自由这个话题看起来很宏大，但是只要我们按照一定的规律拆解，就可以把这个看起来很困难的任务拆分成很多可执行的小任务，进一步养成我们的习惯。把这些拆分后的小任务执行好，实现最终目标就是顺理成章的。这本书会告诉你如何实现财务自由，并为你提供必需的、系统的知识体系。

目录

第一章

从零开始
财务自由

提到财务自由，有许多种定义和理解。通俗一点的有"菜场自由""旅行自由""居住自由"，也有可量化的和理性的，比如被动收入大于开支，或者被动收入大于开支加上 CPI（Consumer Price Index，消费者物价指数），再或者把 GDP（Gross Domestic Product，国内生产总值）也考虑进去。也可能对于一些人来说，只有能随手置办豪车、豪宅才叫财务自由。

但是平心而论，以上对于财务自由的理解都仅仅局限于"财务"两个字，但是还有重要的"自由"呢。我个人比较喜欢康德（Immanuel Kant）对于自由的解读：

自由不是你想干什么就干什么，而是你不想干什么就不干什么。

对于大部分工薪族而言，财务自由的定义很简单，就是能够安心辞去当前的工作而不用担心生计，被动收入能够维持当前的生活水平，这就是自由，对不喜欢的工作和生活有说不的自由。

这里说的被动收入的来源可以是投资、版税、房租、专利费等各种不需要自己全程参与也能创造收益的工具。但是鉴于由投资获得被动收入的适用性最广，所以这本书主要讨论的还是投资。

在日常工作生活中，我们经常会妥协和被迫接受某些事情，比如被迫从事不喜欢的工作，接受不感兴趣的任务。财务自由的意义不是让我们能够买什么、得到什么，而是给我们一个说"不"的底气。面对不喜欢的工作环境时，我们可以说不，因为即使丢掉工作我们依然可以维持生计。我们可以把时间倾注在对我们至关重要的事情上，比如建立亲密关系、创造价值，而对其他干扰因素说不。

如果我们跳出财务自由是要得到什么的固有思维，认为它是面对不想要的生活时可以说不，那么财务自由并没有那么遥不可及。只要能够通过被动收入维持我们的日常生活，不再为了养家糊口被迫在工作上妥协，也就有了说不的勇气。

其实每个人都可以通过计划和努力，在不需要运气的情况下，实现财务自由。这正是我写这本书的初衷。

工薪族实现财务自由，实现 F. I. R. E（Financial Independence and Retire Early，财务自由、早早退休），意味着通过自己的投资获得被动收入，提前退休，不再受制于工作和生活的种种现实束缚，不再等待遥遥无期的法定退休年龄。趁早退休，以便能把自己大把的时光"浪费"在美好的事物上，可以是自己热爱的事业，也可以是自己向往的某种生活。

用工资理财实现财务自由可行吗

提到财务自由大家的第一反应大多是"那需要一大笔钱"，但是到底需要多少钱、怎么赚到这些钱很少有人认真考虑。实际上，不是赚一大笔钱就能财务自由，实现财务自由不一定非要拥有巨额财富。

影响财务自由的因素其实就三个：本金、收益率、开支。其中，被动收入＝本金×收益率，而开支决定了我们需要多少被动收入才能实现财务自由。只要被动收入＞开支，那我们就实现财务自由了。我在这里先给大家一个估算数字，只要积累下 10～20 倍当前年度开支水平的本金，就足够实现财务自由。这并不是一个不可能完成的任务。

消费欲低、开支少的人，财务自由的门槛也自然更低，所以说实现财务自由并不仅仅是我们要有多少钱这一个固定的指标。只要积累下足够的本金，再通过合理的投资实现一个相对平均的收益率，获得可观的被动收入并不难。

实现财务自由要解决的第一个问题，可能也是最大的问题就是：钱在哪儿？我个人认为创造本金要难于创造收益。对于大部分人来说，在当前的市场环境下取得一个整体平均的收益水平并不困难，持有指数基金就能轻松获得 10% 的长期年化收益率，但是存不下钱是一个"老大难"问题。

对于我们来说，积累本金最有效的方法就是——努力赚钱，认真存钱。大部分人都没有中彩票的运气，也没有继承巨额财产的"投胎功底"，最有效、最普遍的获得本金的方法就是储蓄。估计很多人看到这两个字就已经失去兴趣了，因为储蓄常常被和降低生活质量、省吃俭用联系在一起，让人脑海中出现"蹲在角落可怜地吃方便面"的画面。

但是如果说，储蓄并不意味着降低生活质量，也不意味着省吃俭用，储蓄这件事就会变得容易很多。我们可以考虑一个问题：用更少的时间一定意味着完成更少的任务吗？不一定吧，因为不同人的工作效率不同。

消费这件事也是一样，更少的消费不意味着要降低生活质量、省吃俭用，因为我们还可以选择提升消费效率，让消费创造更多的价值。总而言之，储蓄这件事可行！

针对被动收入的两大要素，本金可以靠储蓄来实现，另一个就是收益率了。这本书里我会介绍一套适合工薪族、不需要投入太多精力、门槛又低的投资策略。对于普通投资者来说，10% 左右的年化收益率还是可以实现的。

用工资理财实现财务自由是可行的，它有一套简单、可重复的内在逻辑。我们只要制订自己的消费储蓄计划，坚持执行，并选择一个相对保守合理的投资渠道，最终就能实现。

40 岁以前退休

说到退休，大家脑海中的第一个画面很可能是——等到法定退休年龄，正式退休，过着领退休金的生活。但是这样的想象正逐渐被打破，因为人口老龄化等一系列问题，很可能我们这些年轻人在退休时根本领不到能过上目标生活的退休金。

养老金准备也渐渐成了一个引起焦虑的话题。但是不知道大家有没有想过，或许我们完全不需要把希望寄托在未来可能入不敷出的退休金上。只要做好规划，我们可以自己给自己发退休金，早早退休。每个人都有实现财务自由的能力，只是大部分人从来没有意识到自己还有这样一个能力。

就像前面说的，被动收入高于自己的日常开支，甚至高于当前的工资收入，就能实现财务自由，不再工作赚钱依然可以维持当前的生活水平，这可不就是自己给自己办了提前退休吗？

财务自由是一种生活状态，更是一种生活态度，意味着充分独立、不受制于人，可以不再为了金钱从事自己不喜欢的工作，维持自己不喜欢的关系。当一个人实现财务自由后，思想和态度都会发生变化，会变得积极乐观，因为做自己喜欢的事情效率会非常高。

财务自由并不遥远

财务自由虽然不可能轻松获得，但也没有大家普遍认为的那般遥遥无期。大部分人用 10 年时间足够踏入财务自由的门槛。如果尽早准备，40 岁以前退休享受生活并不遥远。

我们不妨做一个简单的计算，假设一个人每年 40% 的收入可以积累下来进行投资而不是消费，并且用这些资金实现 10% 的收益率。很多读者会表示 10% 的收益率很难实现，其实不然，后文我会系统地说明。10 年内个人资产、被动收入分别与年收入的比如表 1.1 所示。

表 1.1 10 年内个人资产、被动收入与年收入的比

年份	个人资产/年收入（%）	被动收入/年收入（%）
0	0	0
1	44	4
2	92	9
3	146	15
4	204	20
5	269	27
6	339	34
7	417	42
8	503	50
9	597	60
10	701	70

从表 1.1 可以看出，10 年的时间足够让自己的被动收入增长到可以维持生计的水平。如果更加勤俭，只支出收入的 50%，一方面存钱变多、收益增加，另一方面财务自由的门槛也随之降低，7 年后即可达到财务自由的状态。

或者再提高收益率，如保持支出水平（60%），收益率提高到15%，那么这个过程就被大大加速，获得同样水平的被动收入需要7年，10年后将获得2倍于目标水平的被动收入，15年后将获得6倍。

实现财务自由并不难，大部分人经过努力奋斗都可以实现，所需的工具只有书籍、网络、决心和家人的理解与支持。

可能有朋友会说，10年时间已经很长了。但是相比于通常三四十年的工作年限，这10年的奋斗其实算不了什么。

考虑到如今人口老龄化、养老金不足等一系列问题，如果工作至法定年龄再退休，退休金相对工资会大打折扣。以德国为例，在考虑通货膨胀的情况下，退休金相比于原来的工资水平会有超过50%的缺口。相比于普通的退休流程，财务自由要快得多，可靠得多。

可能会有读者觉得这样的计划太过理想化，许多人的现状是工资到手时购物车早已"嗷嗷待哺"。想要买的东西太多恨不得工资翻倍还不够，到了月末还能保证正常饮食已是幸运，哪还有40%的钱来投资，能留个4%就不错了。再说10%的投资收益率去哪儿找，银行理财产品的收益率到6%就不错了，P2P（互联网金融点对点借贷平台）搞不好直接"跑路"了。德国其实更惨，负利率时代，银行勉强维持着0.1%的利息，上哪儿去找靠谱的投资呢？好不容易攒了一点儿家底，结果积劳成疾去了一次医院，出院之后一贫如洗，好像过去几年都白干了。

表面看起来确实是这样，但是深入剖析一下呢？一个月的支出减去房租、水电费、饭费等必需开支，还有许多钱就那么不知去向了，买了什么后来自己也想不起来了，家里东西越来越多，可是常用的还是那几样。仔细回忆一下，好像一个月也没有那么多必需开支，再思考一下，省钱好像也不是那么困难。消费开支是非常弹性的，表面看起来都非花不可，实际上压缩空间非常大！

再说医疗问题，这个时候就体现出保险的重要性，如果拥有一份商业医疗险，大病小病几乎不用担心，每年自付上限一般为1万元，基本不会出现什么大问题，也不会有因病致贫的担心。

整个财务自由计划可以概括为：开源、节流、加固，分别对应着积累本金、投资和保险。

开源、节流大家耳熟能详，我简单说一下容易被忽视的加固。有资产还要守得住，要能抵御天灾人祸，小概率事件虽然极少发生，但是一旦发生往往后果比较严重。明明已经实现财务自由，却由于一些意外"一夜回到解放前"，这样的情况没有人愿意看到，所以保险是理财中不可或缺的一环。国内有几个不应忽视的刚需险种——医疗险、重疾险、意外险和寿险，这部分的内容我会在这本书的后面专门解读。

财务自由不等于从此蹉跎人生

工作是我们生活的一部分，财务自由并不是让我们从此脱离社会不再工作，而是给我们一个重新思考的机会，让我们有底气追求自己想要的生活。当我们不再为收入和维持生计所困的时候，才有机会真正觉醒，追求我们想要的东西。

事实上，虽然许多人追求财务自由的一大动力是可以有资本待在家里彻底放假，但是真的休假几个月以后又会渴望重新回归工作。阿德勒心理学有一个相关解释，获得贡献感是幸福的核心之一。只是这一次我们不再为钱而工作，而是为了自我实现和创造价值。

财务自由领域的早年"网红"——《富爸爸穷爸爸》的作者罗伯特·清崎（Robert Toru Kiyosaki），在其系列著作《富爸爸年轻退休》① 中也分享过这段心路历程。

> 1994 年，在经过了近 10 年的奋斗之后，我终于获得了财务自由，那年我 47 岁。我的朋友奈尔打电话告诉我："在出售公司后一定要至少休整一年。""休整一年？"我回答，"我要退休，再也不会回来工作。""不，你会回来的。"奈尔说，"不到 3 个月，你就会感到无聊透顶，然后创立另外一家公司。"他说，"对你来说，最困难的事情莫过于无所事事。这也就是我为什么建议你，在另起炉灶之前至少要休整一年。"

后来不到 3 个月，清崎就开始想念工作，想要回来。但是他记着自己当时的目标，真的坚持休整了一年。他开始适应和享受新的生活，因为没有陷于忙忙碌碌，有时间思考到底什么才是对自己最重要的，这也造就了后来《富爸爸穷爸爸》这个系列作品 20 多年的畅销。

实现财务自由并不是人生进取的终点，财务自由只是给我们说不和选择人生的底气。

制订一份属于自己的财务自由计划

每个人心里都有非常重要和热爱的事物，只是受限于现实，我们不太可能全心全意地为热爱的东西而活。财务和生计问题算得上挡在前面的"拦路虎"，如果我们能够彻底解决财务和生计问题，

---

① 罗伯特·清崎，莎伦·莱希特. 富爸爸年轻退休［M］. 萧明，译. 海口：南海出版公司，2009.

很多看起来头疼的问题也就迎刃而解了。

对个人生活而言，财务自由就是财务问题的高级解。而且我相信对于大部分工薪族而言，只要做好规划，并且有一定的执行力，通过努力，用 10 年左右的时间实现财务自由的概率是非常高的。

鉴于大家对财务自由的不同理解，这本书给出一个对财务自由的定义，我们所讨论的、每个人都可能实现的财务自由是指可以不上班，依靠被动收入维持当前甚至略高于当前的生活水平。

财务自由是一条自由之路，但是自由和财富并不直接画等号。每个人都可以实现当前生活水平上的财务自由，但是想要实现财富阶层大跨越，我们依然需要非常多的努力和一定的机缘，这不是简单地制订和执行计划就能解决的，但自由至少增加了这种机缘出现的可能性。

财务自由的两个核心要素

实现财务自由靠的是本金和收益率，因为被动收入 = 本金 × 收益率。只要我们积累下足够的本金，再通过简单合理的投资，获得可观的被动收入并不难。只要实现了"被动收入 > 开支 + 通货膨胀"，也就实现了财务自由。

但是就这两个要素并不足以指导我们的行动，我们需要再拆解一下。为了实现财务自由，我们其实需要做五件事：

- 制订计划，制作一个可量化的时间表，明确相关里程碑节点。
- 提升收入，既包括主动收入，也包括被动收入。
- 开始投资，培养自己的投资意识，使收益最大化。

- 开始储蓄，理性消费，控制开支是储蓄的第一步。
- 理性决策，我们的生活实际上是"选"出来的。

那么这五个要素分别代表着什么？我们来一一拆解。

制订计划

"计划赶不上变化"是永远不变的道理，但是这并不能否定计划的意义。在我看来计划最大的价值并不仅仅是执行，而在于帮你准确地梳理目标和行动的关系，帮你检查自己当前的行动是否匹配或者偏离了既定目标，以及量化自己和目标之间的距离。

制订计划之前，我们需要一个明确的目标或者理由——实现F.I.R.E后我想过上什么样的生活？进而回答下面几个问题：

- 这样的生活需要多少被动收入？
- 需要积累多少本金？
- 计划用多长的时间来实现？

这几个问题很关键，如果没有明确的目标，我们不知道自己将走向何方，也不知道自己还要走多远，所以很容易就会放弃。

答案一定因人而异，这里我提供自己的答案供大家参考。

我对奢侈的生活没有太大的追求，简简单单一房、两车就够了。我的目标是积累 500 万元本金，计划用时 10 年[①]，我的预期平均年化收益率为 10%，也就是被动收入约 50 万元。每当

---

① 我的计划从 2015 年开始，截至 2019 年写作这本书的时候完成度约为 51%。

提到预期收益率为10%的时候，总有朋友质疑我，市面上根本找不到收益率为10%的靠谱理财产品。别着急，我会在后面的章节告诉你，实现10%的投资收益率并不难。

明确了本金目标以后，问题来了，如果我从零开始，怎样能够确保在10年积累500万元呢？我们需要一个计算器，我自己用的是Calculator. net提供的投资计算器①。我输入了500万元的储蓄目标，计划10年，其间投资收益率10%。最终计算的结果为——我需要每月储蓄2.5万元，即每年30万元。

按照这样的估算，10年以后我的总资产可以达到525万元，其中300万元来自本金积累，另外的225万元来自投资收益。具体如图1.1所示。

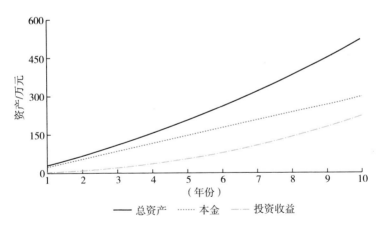

图1.1 本金、投资收益、总资产走势

假如我们对投资收益率预期更高，如15%，那么最终的结果为

---

① https：//www. calculator. net/investment-calculator. html.

每月储蓄 1.9 万元，每年 23 万元。我的收益率目标是10%～15%，所以我取了一个中间值，储蓄目标为 25 万元每年。这样一来，计划的第一个目标就非常明确了，我需要每年储蓄 25 万元。

我的数据只能供你参考，因为我们对未来的预期不一样，我们的收入也不同。我经常在自己的公众号"也谈钱"上分享自己的财务自由历程，鉴于不同读者的生活情况不同，常有读者对我这个目标提出异议，觉得太高或者太低。但就像我前面说的，这个计划的目标是帮助你不上班也能保持工作时期的生活水平，从而解放生产力，财务自由的目标自然是和当前的收入水平相匹配。请记住，这本书是教你如何通过奋斗和用工资理财实现财务自由，而不是给你轻轻松松实现百万年收入的捷径。

那么在这个问题下，我继续向下追问，为了实现 25 万元的年储蓄额，我需要什么？

- 高于 25 万元的年收入。
- 一个可执行的消费计划，来帮助我实现储蓄目标。消费太容易，如果控制不好欲望，就算年收入 100 万元，实现 25 万元的年储蓄目标也难如登天。
- 一个价值观相同的另一半，对于实现计划很有帮助。

如果当前的情况不能满足目标，我们有三个选项来进行改善：

- 提升自己的收入，这也是五要素之一。
- 降低自己的开支水平，你的潜力比你想的大。
- 降低自己的目标，因为预期与能力不匹配。

不建议你开始就选第三个选项，没试过前两条，你怎么确定自己的能力边界到底在哪儿？

当初找工作的时候我对自己说，能够帮我实现财务计划的工资是工作的底线，最后也还算幸运，刚刚"压线"。而且可能是我对财务自由的诚心感动了我的太太，曾经花钱大手大脚的她也开始和我一起执行预算计划。

为了实现这个目标，我们两个人把消费水平降到了不及同龄人的一半，最终实现了高于60%的储蓄率。而且实际上我们也没有为了预算降低自己的生活质量，而且维持了相当高的生活幸福感，该有的消费，如手机、电脑、包包，即使不是最好的，也差不多。在理性消费方面，人的潜力真的是非常大的，这个问题我们会在本书的第三章深入讨论。

提升收入

当前的工作收入在相当程度上决定了财务自由以后的收入水平，投资理财本质上就是一个将职业价值和人力价值持续变现的过程。

鉴于大家来自各行各业，恕我没有办法给出具体的参考。但是这里可以提供一个我的原则供大家参考——找到"零本万利"的机会，然后反复试，增加自己的"定价次数"。

这个技巧虽然不能保证找到高薪岗位，却能有效避免被定价过低的情况。有过卖房子经历的读者可能会有所体会，对于这类流动性不高的资产（包括人力），不同买家的报价差别会非常大。多尝试可以尽可能保证自己得到一个公允的定价。

至于"零本万利"，简单来说就是赢了能赚大发，输了却毫发无损，比如刚刚说的增加"定价次数"就属于这类。找工作的过程中，这类机会太多了，抓住一切机会找到可能给你机会的人去聊、去问、去表现。你要知道，即使是最差的情况，你失败了，也就是相当于没问，毫发无损。可是万一人家答应了呢？一定要反复尝试，即使概率再小，只要你试的次数足够多，总会有成功的时候。

开始投资

投资和储蓄孰先孰后？这个问题很难有所定论，但是一个可以肯定的事实是，形成投资意识可以帮助强化储蓄习惯。当我们知道自己的本金可以用来投资增值以后，面对各种消费诱惑就更容易保持理智，毕竟对于懂投资的人来说，省钱和赚钱其实是一回事儿。所以我决定把投资放在储蓄前面说。

鉴于投资意识和水平的提高周期长、见效慢，所以越早开始，越早收获。从小白进阶的最有效途径就是系统地学习，很少有只凭碎片知识和他人点播就能进阶的小白。碎片知识对于有系统知识体系的人来说是良药，对于没有的人来说反而是砒霜。而读书正是最具性价比的系统学习方式，你能读到这里说明你已经有了这个意识。我会在这本书中系统地介绍自己的投资方法和体系。

但是仅凭读书并不足以让你完成蜕变，即使拥有完整的知识体系，依然躲不过知易行难的困局。建立一个良好的投资意识少说也得两三年的磨砺，其间你可能会赔钱，也"需要"赔钱。很多雷，别人和你说是没用的，你得亲自去蹚一下才能记住。大家都是这么一步一步过来的，赔钱了不可怕，可怕的是反复蹚同一颗雷。

为投资交学费（赔钱）是一件不可避免的事，不交学费学不会投资。但是我们依然有办法降低自己的损失，那就是早早开始，在还没有太多本金的时候就开始投资理财。因为这个时候本金少，交的学费也就少。"没钱可理"是投资理财界最大的谎言。

开始储蓄

提到储蓄，可能很多人会担心生活质量下降，因为储蓄常常被和降低生活质量、省吃俭用联系在一起。但是如果说，储蓄并不意味着降低生活质量，也不意味着必须省吃俭用，储蓄这件事就会变得容易很多。

因为我们还可以选择提升消费效率，让消费创造更多的价值。本书的后面我会向你介绍我的消费体系，帮你实现"从没钱到有钱"的跨越。从我的经验来看，储蓄不但不会降低生活质量，反而会让我们更加清楚地知道自己最想要什么。总而言之，储蓄这件事可行！

确定了目标储蓄额，确定了年收入水平，剩下的就是预算了，年收入减去目标储蓄额就是年度预算。此时，有一件事你应该做——记账，事无巨细地记账！没有记账，很难谈理财。这就好比做项目开发，手头却连日历和时间都没有。

你可能觉得自己估算一下，就能知道大概的开支水平了。但是根据我的经验，估算的数值再翻一倍，有可能才是你的实际开销。因为估算时很可能没有考虑这些因素：

- 琐碎的开支，这些开支单笔数额很小但总额很大。
- 手机、电脑、家电等大件开销。
- 旅游、娱乐、聚会等不定期开销。
- 意外导致的开销。

经常有朋友留言抱怨记账这件事太麻烦，但是你仔细想想，记

17

账这件事除了输入几个数字以外真的有什么不得了的障碍吗。

对于刚刚开始设计预算的朋友，建议把预算目标设置为：

$$预算 = （收入 - 目标储蓄额）×80\%$$

从我的经验来看，新手预算超支是大概率事件，预算往往太理想化。很可能你觉得自己还没干啥，预算就已经"亮红灯"了。所以，建议乘上 80% 的系数。

我个人比较喜欢使用软件记账，统计分析的效率要高不少。推荐各位读者试试 MoneyWiz[①]。虽然现在市面上的记账软件层出不穷，但我很喜欢预算功能和分析统计功能非常强大的 MoneyWiz。关于软件记账的一些高级技巧，我会在后面的章节介绍。

理性决策

曾经有人问过查理·芒格（Charlie Thomas Munger）："你觉得一个成功投资者的必备条件是什么？"芒格答："理性。"就这两个字。

很多盲目的决策是可以通过简单思考避免的。小到买手机，大到还贷、换工作，都可以通过"小学数学 + 理性决策"找到最优解。

当我考虑换掉自己已经用了三年的手机时，我问自己：新手机到底能给我带来什么？大屏幕？我不需要。性能？现在的手机也不卡顿。我是需要靠手机长脸的人吗？也不是。我有剩余预算换手机吗？貌似没有。那还买什么啊，回去干活去。

2018 年年末老爸换手机，我顶住重重压力和来自亲戚朋友的"关心"给他换了个 iPhone 6s。这下爸妈的朋友们可"炸锅"了，

---

① MoneyWiz 提供了 iOS、安卓、Windows 和 Mac 的全系统支持，只是安卓系统需要 Google Play 框架作为支持，安装时需要稍微花些功夫。

提出如"老手机不能上 5G^①""老手机都是翻新的",生活在这样的环境中,理性决策何其艰难。

再比如一些热门的讨论:

- 本人有 48 万元房贷,每月还 3 000 元,这两年存了 10 万元,是提前还贷还是定投理财好呢?
- 怪我之前没有理财意识,到目前为止,包含信用卡已欠款达 20 万元,是先还债还是边理财边还债?

先还债还是先投资?很简单,哪个利率高就先做哪个。

我们可以以 10% 的利率作为分界。房贷的利率是 5% 左右,而长期投资的预期收益率在 10% 以上,这个决定不难做吧?

而如果贷款是信用卡债,利率普遍在 10% 以上,那么答案就要反过来了,应该先还债。

遇到问题多想想,算算数,你会发现理性决策其实没多难。

我的财务自由计划公开实证

2015 年前后我给自己定下了"10 年时间用工资理财实现财务自由"的目标。从 2019 年开始,我在公众号"也谈钱"公开记录了自己的财务自由计划,实证这个计划的可行性,并记录这个过程,希望给同样有志实现财务自由的朋友一个参考。

这也算是对我自己的督促和帮助。从开始到现在,写作给了我很大帮助,公开计划会督促我更加完善地思考,也能提高我的执行力。与其等最终实现目标再回来夸夸其谈,不如现在就公开实证,

---

① 2018 年年末,5G 并未商用,其实新手机也同样不能用上 5G。

和大家一起努力奋斗。

行动计划的具体拆解

我对实现财务自由的要素进行了拆解，如图1.2所示。

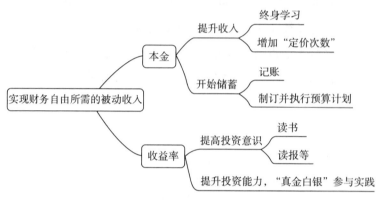

图1.2　财务自由要素的拆解

没钱是开始理财的最佳时机

有人说，毕业后的头五年基本决定了大家的差距。我认为这个观点也同样适用于财务状况。毕业后头五年的理财意识（这个阶段意识重于能力），基本决定了一个人未来的财务状况。

合适的财富观是坚持理财、做好理财的基础。如果一个人常常把"享乐人生、月光消费"挂在嘴边，那他是很难积累下财富的。合适的财富观是我们的基本动力，财富观正确，钱总会有的。

从没钱到有钱

工资收入的阶段性跨越，是财务积累的主要拐点。**一个人至少有两次机会迎来拐点，第一次是毕业参加工作，第二次则是工作早**

期的工资快速上涨。这两次机会基本都发生在工作的头几年，把握好这两个机会的前提正是拥有正确的理财意识。

在《投资第一课》① 这本书中有一个关于储蓄率的讨论，例子很简单但是道理很深刻：

假如 A 原收入 5 000 元，每个月储蓄 500 元，那么储蓄率为 10%。如果 A 工资涨了 5 000 元，其中一半用来增加储蓄，则每月储蓄 3 000 元，储蓄率就变成了 30%，实现了 200% 的增长，储蓄额增加了 5 倍。如果 A 涨工资以后，依然保持储蓄 500 元，那么储蓄率就变成了 5%，下降了 50%。

前后两种不同的决定会导致全然不同的结果。储蓄额相差 5 倍，如果再考虑未来的投资收入，后期的差距甚至可以达到数十倍。工作头几年拉开的差距，从财务的角度来看，一是收入的差距，二是储蓄率的差距。

很多人说，早期的财富积累主要是靠自身的收入增加，而不是投资收入（因为本金少）。我认为这句话只说了一半，财富积累靠的是储蓄增加，而储蓄是收入增长与开支控制的共同结果。如果收入和开支同步增长，那么早期的财富积累也就无从谈起了。

没钱才更有机会

没钱往往意味着低消费，而这正是储蓄的基础。这个时候正是建立理财意识的最佳时机，能力可以不足，但是意识应该跟上。这个时期是实现储蓄率飞速增长的最有效时期。由于前期的基数低，

---

① 那一水的鱼. 投资第一课［M］. 北京：中国经济出版社，2015.

这个时期工资收入翻倍并不是难事。但是，重要的前提是能够维持消费不要快速升级。如果工资翻倍，而消费只是微增，储蓄率就很容易实现成倍的增长。相比之下，如果我们已经习惯高收入、高消费，想要消费降级回到以前的消费水平则难上加难。

而没钱时，维持消费水平或者只是稍微增加消费改善生活，并不难。如果这个时期没能好好利用，等人到中年，收入虽然很高，但是上有老下有小，再加上房贷、车贷，消费就很难再降下来了。

之前读过一本书《不上班也有钱》①，作者就是尽一切可能储蓄，然后投资指数基金，用 10 年时间实现了财务自由，然后开始环游世界。这靠的就是早期对于消费的克制，这个时期的克制换来的是未来几十年的自由，不自律无自由。我相信这也是我们的未来。

更加励志的是作者基本没有什么"高大上"的投资技巧，就是老老实实地存钱、买指数基金，中间还经历了 2008 年的金融危机，最终依然实现了目标。这进一步印证了"理财意识远比能力更重要"。

储蓄，最有效的原始积累

储蓄算得上普通人积累财富最有效的方式。不可能每个人都去创业增收，也不可能每个人都被老板重用提拔，但是储蓄是人人都能做到的。很多在财务上取得成功的人都不遗余力地强调储蓄的重要性，比较经典的建议便是"花一半，存一半"。

在《邻家的百万富翁》② 这本书中，作者为银行和资管机构调查了很多高净值人士，最终发现他们无一不是拥有很高的储蓄率，

---

① 曾琬铃. 不上班也有钱：33 岁开始 Winnie 散漫游［M］. 台湾：金尉，2016.
② 托马斯·斯坦利. 邻家的百万富翁［M］. 王正林，王权，译. 北京：中信出版社，2011.

对消费非常克制（相对于他们的收入情况而言），而且大部分家庭都有非常明确的年度预算计划。

这本书对我的财富观影响很大，我也是从读这本书以后开始基于记账认真制订年度预算计划并执行，真正地把记账的功能发挥出来。

花一半，存一半

克制消费、增加储蓄并不总是等同于降低生活质量。《小狗钱钱》① 一书中给过一条很好的建议：

> 每当面对收入增长时，总是用一半来消费、改善生活，另一半则用来增加储蓄。

因为是新增加的收入，少花一些并不会影响生活品质，"花一半、存一半"实现了改善生活和增加储蓄的平衡。

另外，开始控制消费以后，我的生活水平反而有所上升。因为预算有限，更加注意"好钢用在刀刃上"，买东西总要反复权衡，少买了很多没用的东西，真正改善生活的物品反倒一样都没落下。而以前想起来什么东西就直接买，等到要买真正需要的东西时反而没钱了。

没钱 = 更高的风险承受能力

更高的风险承受能力是可以换钱的。在本金少的时候开始理财有两个优势：

- 本金少，亏得少，"学费"更便宜。
- 可以尝试波动性更大的投资产品。

---

① 博多·舍费尔. 小狗钱钱［M］. 王钟欣，余茜，译. 成都：四川少儿出版社，2018.

年轻人的风险承受能力普遍比较高，来自家庭的压力也更小。这个时候可以选择更大比例的高波动、高收益投资产品，比如指数基金。而人到中年以后，由于各方面的原因，风险承受能力大幅下降，需要配置更高比例的稳健的投资产品，会直接拉低最终收益水平。在早期从学生身份向工作身份过渡的阶段，理财意识的建立与否可以很大程度上影响以后的财务状况。

"股神"巴菲特说过："如果我晚10年开始，一定不是现在这个结果。"

当我们说"没钱可理"时，我们究竟想说什么

当面对各种现实问题时，我们总是倾向于把自己的主观问题变成客观条件的限制，试图以此减轻自己内心的焦虑。"我没有钱""我没有时间"算得上理财路上的两个"老大难"问题了，也是我们最常听到的两个拒绝理财的理由。

其实，如果单从字面理解，这两个问题倒没有多难。没钱，要么多赚、要么多省；没时间，挤挤就好了，不管再忙，每个月几十分钟的时间还是拿得出来的。既然解决方法并不难，为什么这两个原因还是当仁不让地成为不能理财的两个首要难题呢？这两句话完全不是字面上这么简单。

"我没有钱"

单从字面上理解这个问题，解决方案有很多，比如：

- 每个月工资到手，先投资，剩下来的用来消费。
- 涨工资后，只把涨幅的一半用来改善生活，另一半用于投资。
- 制订每月预算计划，少购买用不上的东西。

最初听到类似的抱怨时，我都是这么回答的，热心提供各种积累"第一桶金"的建议。可是，再过一年半载，再次聊起理财，得到的答案依然是"等我有钱了的"。

开始我还表示理解，可能是真的省不下钱。可是当这样的事情越来越多的时候，我才明白，其实问题并不在于钱。如果把"我没有钱"挂在嘴边，即使真的有了钱，基本也不会想着理财，而是早就盘算好要买什么东西、去哪里玩了。

"没钱可理"，本意是不愿意把钱留给理财，相比于"难受"的理财，还是消费更痛快。如果把理财换成买手机或者买包，答案可能立刻就变成"没事，我省省，再攒一点就够了"或者"没钱也可以先研究研究，看看"。

"我没有时间"

如果确实很忙，平时闲暇时间很少，对应的解决方案也很多。基金定投或者大类资产配置再平衡，都花不了多少时间，每个月几十分钟，甚至每年几十分钟就已经足够。获得市场的平均回报，买入并持有被动投资，对于时间要求不高。

但是真的没有时间吗？其实不是，而是因为对理财提不起兴趣，或者觉得相比于理财，花时间窝在沙发里看剧更舒服。

找客观原因总是更容易，这也是为什么相比于不感兴趣、懒惰、想要消费，我们更愿意脱口而出"我没有钱""我没有时间"。

自己主观不愿意理财，说出来并不容易接受，好像在贬低自己。而变成没有钱、没有时间，说出来就容易很多，"你看，不是我不想，是客观条件真的不允许啊"。虽然我们的内心得到安慰，实际行动却被阻碍了。只有当我们承认问题出在自己身上，改变才成为可能。找到自己内心的想法，把责任从他人身上划归自己的身上。如果确实想要理财，就不应该在客观条件上找原因安慰自己，承认现实才是改变现实的起点。

找到属于自己的动机

理财是一场持久战，单单一份承认可能还不够，还需要足够的动机。对我而言，我愿意研究理财、愿意花时间，很大程度是基于我相信理财可以实现财务自由，进而可以解决很多让我深恶痛绝的大难题：

- 工资的"天花板"。
- 没有自己的灵活时间。
- 受限于工作，却忘了自己真正想要的东西或者不断妥协。
- 中年危机和中产阶级陷阱。

也正是对于解决问题的渴望，督促着我不断学习，不断加深对理财的理解。面对"无聊"的理财，缺少明确的动机确实是很难坚持下去的。

解决"没有钱"和"没有时间"的方法，不是简单地找赚钱、找挤时间的方法，而是从动机出发，找到足够的动机来改变自己对于理财的"不感冒"。

当我们再抱怨自己没有钱、没有时间的时候，不妨想一想自己到底缺的是什么。究竟缺的是钱和时间，还是对于解决问题的渴望和对理财的那份认可。

理财正在变成必需

我们这一代人面临着人口老龄化、养老金入不敷出、养老金入市、发行养老目标基金等问题。归根结底还是，中国先行的养老金制度渐渐地不再适合新的经济环境，亟须改革。

那么改革可能会是怎样的？从一些先行步入人口老龄化社会的国家的经验来看，其实方向还是相当明确的——从资金转移型养老金模式向储蓄型养老金模式转变。

当前国内的养老金模式还是资金转移型，年轻人交的养老金给退休的老年人用，等到年轻人老了再由新的年轻人养活。但是问题在于，随着平均寿命上涨、出生率下降，社会将不可避免地出现老龄化，当前资金转移型的养老金模式就会出现问题。这并不新鲜，一些欧美国家已经被这个问题困扰了很多年。

美国养老金401（k）模式40周年之际，《巴伦周刊》（*Barron's*）专门对此做了专题报道。与此同时，我也在研究德国的养老金模式和投资机会，在此分享一下我的看法。

针对养老体系目前的发展进程，我认为德国模式大概相当于20年后的中国模式，美国模式大概相当于40年后的中国模式。养老体系的改革长期来看对投资而言是利好，但是对人们理财的意识和能力也提出了更高的要求。

养老体系的改革会为资本市场的发展提供长期稳定的正向现金流，而且机构投资者的增加也能够增强市场的有效性。

而在这个变化中，原本"大锅饭"似的养老保险，比如五险一金中的养老保险，未来的作用会越来越小。而个人自行的理财投资规划对于退休后生活质量的影响会越来越大，很可能会直接影响人们未来的生活水平。

当前养老金模式的困境

当前的养老金模式是财政统筹发放，本质上是一种资金转移模式。年轻人交的养老保险，付给现在的老年人；等现在的年轻人老了，再由新的年轻人来供给养老金。但是问题来了，年轻人越来越少，而且这个过程目前来看基本不可逆。年轻人不够了，养老金自然也就不够了。

现在的老年人还算幸福，因为目前年轻人人口数与老年人人口数的比例很好。但是即使是这样，我们的养老金水平依然不够高。那么等到 20～40 年后，这些年轻人退休以后的退休金能达到什么水平呢？德国已经被这个问题困扰很久，而且愈演愈烈。根据现在的情况来推算，考虑通货膨胀，我们 40 年后的退休金连现在工资 1/3 的水平都达不到。

所以，这条路目前看来是走不通的。如今的年轻人如果不进行财务规划，单纯指望退休后的法定退休金基本就是"一出悲剧"。

这么一看我顿时觉得特别忧伤，辛辛苦苦工作几十年，交了上百万元的养老金，退休之后自己的生活质量却很难维持。在这种背景下，出现了新的储蓄型养老金模式。

养老金模式向储蓄型转变

储蓄型很好理解，即我们的养老金不再被发放给其他人，而是存进自己的养老金账户，用来直接投资，不断积累。这样一来问题就很好解决了，多存多得，少存少得。

我对德国的情况相对了解，在此简单介绍一下德国的情况。德国目前是传统养老金模式和新模式并存的：

- 传统模式下的养老金是强制缴纳的，直接从工资中扣除（和我国的五险一金类似），以资金转移的形式，发放给现在的退休人员。如果直接停掉传统的养老金模式，现在的退休人员就没有生活来源了。

- 新的储蓄型养老保险作为补充，人们自愿选择，但是政府会提供专门的补贴和税费减免。因为是自愿的，不加入保险的人也有，这也是这个模式的一个挑战，它对于人的自控力有一定要求。

在这种模式下，大家的参与热情还是不错的。那么这些资金会被如何使用呢？最终一定是以各种形式流入资本市场参与投资。所以这会是一个长期的利好，因为它会带来长期的资本流入。

储蓄型养老金模式的问题

储蓄型养老金模式当然也不是完美的，最大的问题就是投资中的选择问题。在传统的养老金模式中，我们完全不用考虑这些资金的用途和运作，只要老老实实等退休后，发多少就是多少。而在储蓄型养老金模式中，我们就要面临各种各样的选择问题，而投资途径也不止一种，这和个人投资是一样的。

以前我们可以说："我不理财，有多少花多少，反正退休了等着领退休金。"但是如果未来法定退休金大幅度缩水，理财就不再是一道选择题，而变成了必答题。

但现实情况是，大部分人的理财水平是不及格的。理财确实是一个相对复杂的话题，我们很难从外部得到系统详细的建议。储蓄型养老金模式对个人的理财水平提出了更高的要求，如果不懂理财，我们可能连好好退休的权利都没有了。

中国养老金的变革方向比较清楚，具体情况如下：

- 传统养老保险一定会持续，否则现在已经退休的老人就没有经济来源了。
- 在传统养老保险的基础上，鼓励大家规划自己的储蓄型养老金作为补充，并提供政府补贴和税费减免。
- 对于个人的储蓄型养老金，政府在鼓励的同时，应该也会出台一定的限制政策，比如限制支取等。

29

但是有一个结论是不会变的——理财只会变得更重要。

如何让家人接受记账理财

对于已经成家或者准备成家的朋友来说，理财从自己的事变成了家事，需要两个人共同努力、相互配合。我经常收到这样的留言——想要投资/记账/理财，另一半不配合，我应该怎么办？

在你践行这本书中的内容时，也有很大可能会面临这样的难题，希望这里的几个建议能够帮到你。

另一半不配合的情况时有发生，是正常的。两个人不可能从开始就金钱价值观一致，肯定是要不断磨合的。而最有效的方式不是通过语言劝说，而是通过行动来相互影响。

举一个我的真实例子，我想让妻子尝试一道被低估的菜品，最简单有效的方法就是自己先吃起来，而且吃得比谁都香。这比重复一百遍"你尝尝吧，挺好吃"有用得多。让家人接受记账理财也是一样的道理。

不要靠劝，靠行动

遇到反对意见的时候，我们常常会试图劝说对方，讲事实、摆道理。但是从我的经验来看，在另一半不配合的情况下，劝说是没有多大意义的。最有效的方法是自己先做起来，通过身体力行、耳濡目染。

先回过头看大家的问题，一般都是以"我想……"开头。这里的动词是很关键的，是"想"而不是"做"。也就是说，即使是发起的一方也还没有开始做这件事。劝说对方和自己一起做一件自己还没有尝试过的事情，遭到反对也是意料之中。

不管做什么事情，我们总会遵循"劳动换取回报"的逻辑。如果双方都没有做过，就意味着实际回报并不明确，因此我们对付出劳动就会非常排斥，因为获得的回报不清楚，需要付出的劳动却是实打实的。

在双方都没有做过这件事的时候，只凭其中一方的意愿和想法来劝说另一方并不容易。最佳的方式应该是发起的一方先行动起来，用实践证明自己想法的可行性和意义。

不要"甩锅"给另一半

在这个过程中，还有一种心态比较常见——认为一件事情应该做，但有难度、需要付出，这时来找另一半帮自己"背锅"。如果另一半不支持，那就不是自己的问题，而是另一半不支持自己，也就推卸了责任。另一半不配合时，建议先从自己身上找原因。是不是自己买东西大手大脚，却和另一半说应该如何省钱？是不是自己连自己的账户都管不好，还和另一半说应该好好记账？

先把自己该做的事情做好，再带动对方就会容易很多。

从自己做开始

发起的一方有义务先行动起来，一来可以用实际效果来向对方证明建议的可行性，把回报量化；二来万一失败了，也只是付出了自己的成本，节省了整个家庭的资源。

以记账为例，如果另一半不支持，那就自己先记起来，记账这件事一个人也能做得很好，而且记账的好处在生活中更容易表现出来。

- 我们常会出于各种各样的原因需要回忆一样东西的购买日期，比如我最近的一次是需要知道眼药水的购买时间，以决定要不要换掉。每当这个时候，我们就可以掏出账本，瞬间解决问题。

- 需要知道所有账户里有多少钱而焦头烂额地登录账户的时候，我们可以拿出账本，立马解决问题。

这样一来，记账的好处就被量化。几次之后，不用你劝，另一半也会觉得记账很有必要。

严控风险

自己先开始做很重要，但是有一个大前提必须遵守。在得到家人的支持以前，把投资或者其他行动的风险严格控制在仅仅自己一个人也能承担的范围内。

对于记账、存钱这类简单的小事，即使失败也没什么大不了的。但是投资不一样，损失本金的风险是实打实的。在一个人独自行动的情况下，一定要严控风险，不要让家人为自己的冒失和失误承担连带后果。独自决定投资并导致家庭资产损失，很容易导致一些比较严重的家庭矛盾。

谨记，家庭和谐优先于投资回报。

通过行动示范的效果总是好于无力的劝说。凡事先从自己做起，先改变自己才能改变别人。

- 从自己身上找原因，先把自己做好，同时思考有没有充分考虑另一半的诉求。
- 暂时承担起另一半的工作，如果对方不愿意记账，自己先帮对方记。
- 别总说"我们一起……"，这和"甩锅"给另一半时说"你应该……"没什么区别。

第二章

如何投资
才能"躺着赚钱"

　　说完了理财意识的重要性和心理上的准备工作，我们来说点儿更现实的问题：我们应该如何投资？

　　投资的方法多种多样，但是作为一本来自工薪族、写给工薪族的理财书，我们要讨论的自然是最适合工薪族的投资策略。**工薪族投资有一个核心要求，就是一定要能够"躺着赚钱"、不用操心的投资才是适合我们的好投资。**

　　如果一份投资虽然收益可观，但是对时间和精力的消耗太大，同样不合适。如果工作上有些突发状况、时间上有所限制，投资和本职工作就会相互牵扯。没有时间照顾这类投资可能导致亏损，而总要担心投资状况也会影响工作表现，可以说是得不偿失。

　　在这一章中，我将介绍几种适合工薪族的投资策略，这也是我自己投资的主要方法。

投资"武器库"

　　在介绍具体的方法之前，我们有必要先系统了解一下都有什么产品可以投资。就投资标的的资产属性来讲，投资产品大体可以分为四大类：

- 债券。
- 股票。
- 抗通货膨胀资产。
- 现金。

这里的四个分类是比较广义的，大家不要被名字限制了思维。我逐一给大家解释。

债券，最大的特点就是约定利息、约定期限，到期还本付息。我们平时借贷的欠条、投资的国债、传统的银行固定收益理财产品都属于债券这个范畴。

股票，一提起股票大家第一个想到的往往是炒股，其实炒股只是投资股票的一种方式。另一种参与股票投资的方式则是基金，相当于把钱交给基金管理人来打理。股票的特点是波动大、不保本、不保收益，但是股票的长期预期回报是所有资产类别中最高的。大部分投资者认为的"高风险"是可以通过投资策略在一定程度上规避的，如何投资股票基金是投资部分讨论的重点。

抗通货膨胀资产包括房地产、抗通货膨胀债券和各种大宗商品，比如原油等工业原料。避险资产——黄金也可以被划分到这个范畴中。

现金，从投资角度理解的现金包括货币市场基金和超短债等流动性很强的资产，最大特点是虽然回报率低，但是极稳健，随用随取。

上述四大类主要是对资产类别的分类，但是对于日常投资来说，我们很少直接交易这些投资产品，我也不建议大家直接去买卖股票、债券或黄金，而是推荐另外两类工具——定期理财产品和基金。

这里所说的定期理财产品是指那些明确约定收益率的投资产品，比如银行 1 年期或者多年期理财产品，年化收益率 5% 左右，到期以后收钱、收利息。这类理财产品的可操作空间并不大，只要选择可靠的渠道，然后根据需求选择期限和收益率就可以了。

基金，相比于理财产品，并没有事先约定的收益率，也没有提供保本保息的条款，同样没有约定期限。投资者对基金的普遍印象就是"高风险、高回报"，其实就像我们在前面股票部分说的，基金的"高风险"也是可以通过投资策略来规避的。基金是我们投资的主要工具，前面所说的四大类资产——债券、股票、抗通货膨胀资产、现金——都可以通过基金来投资。因此可以把基金划分为：

- 货币基金，全称货币市场基金，投资现金，比如余额宝这类"宝宝类"产品。收益率最低，一般在 2%～3%，但是波动也最低，基本不存在亏钱的可能性。
- 债券基金，投资债券。收益略高于货币基金，预期年化收益率为 6% 左右，短时间内存在亏损的可能性，但是持有半年以上基本不会亏钱。
- 股票基金，投资股票，预期收益最高，预期年化收益率可以达到 10%，但是波动风险也很大，需要投资者对市场有一定的了解和把握。有亏损的风险，但是可以用一定的策略规避。
- 其他基金，比如投资原油、黄金，也有投资房产的房地产信托基金（REITs）。

这里还要专门解释一下大家热议的指数基金，指数基金只是基金的一种新形式，本身并不代表投资种类，指数基金一样可以是货币基金、债券基金、股票基金或者其他基金。相比于普通基金，指数基金最大的特点是减轻了基金管理人的工作量①，大幅度缩减了基金的管理成本，而这些省下的管理成本就变成投资者口袋里的收益。正是因为这样的特性，指数基金近来越来越受欢迎。

考虑到篇幅的问题，本书不对基金的定义做过多的介绍，而是侧重投资的方法和策略。想要深入研究的读者推荐阅读《解读基金》②和《指数基金投资指南》③这两本书。

规划投资资金的四个步骤

这一节我将带你建立一个完整的投资体系，投资其实很简单，只要按照一个既定的策略往下走，最后基本会得到一个满意的结果。我把自己关于投资体系的思考浓缩成四个可以按部就班操作的步骤，分别是：

- 规划紧急备用金。
- 规划必要的保险。
- 安置 3 年内要用的钱（稳健投资）。
- 建立长期投资组合。

这几笔钱，紧急备用金、稳健投资和长期投资的资金建议分别安排到不同的账户，进行物理隔离，以做到相互独立，这对于

---

① 因为从统计上来讲，基金管理人的主动操作其实并不能给基金带来正回报。不过限于篇幅，这个话题就不在这里展开了。
② 季凯帆，康峰. 解读基金［M］. 北京：中国经济出版社，2018.
③ 银行螺丝钉. 指数基金投资指南［M］. 北京：中信出版社，2017.

后期的维护和回顾很有帮助。尤其强调，紧急备用金不要存放在平时使用的银行卡中，也不要放在余额宝中，因为太容易被意外消费掉了。建议准备一个专门账户的货币基金来存放自己的紧急备用金。

除此以外，还有一个第 0 步，大家往往认为自己已经清楚了这个问题，但是真正搞清楚的人还真不多——自己到底有多少钱？有时间的话，建议花点儿心思好好盘点一下，如果能顺便记账就更好了。

规划紧急备用金

理财的第一步，规划紧急备用金。

切记先规划紧急备用金再考虑投资，投资最忌讳的就是突然撤资。试想你买的中国茅台的股票正涨着呢，但这个时候急需用钱必须卖掉你得多闹心。

人这一辈子难免会遇到意外情况，往小了说，就算是突然遇到打折促销，还得有点儿储备资金来"剁手"呢。

紧急备用金的金额一般建议为家庭 6 个月的正常开支及以上。也就是说，即使突然失去全部收入来源，至少能够维持当前生活水平 6 个月及以上。这样已经可以应付大多数的意外状况了。

对这部分资金的规划就一个要求——安全，收益率不作为优先标准，我个人建议是投入一个专门账户的货币基金，和其他资产进行物理隔离，以防自己一不小心就挪用了。从这个角度看，支付宝的余额宝并不是一个安置紧急备用金的好去处。

规划必要的保险

保险很必要，但是度同样很重要。保险就相当于战场上士兵的护甲，没有护甲会死得很快。但是护甲穿得太多，人就失去了灵活性，反倒增加了被敌人消灭的可能性。

关于购买保险的几项原则，这本书的后面章节会介绍。

安置 3 年内要用的钱 （稳健投资）

扣除了紧急备用金和保费开支，在开始投资以前，我们还要把3 年内要用到的钱划出来，单独安置。比如计划买车、买房、装修、结婚的费用，这部分钱不宜用作长期投资。

建议为不同目的安排不同的账户以做区分，方便管理和追踪。这部分资金最合适的去处是定期理财产品或者债券基金。除非用钱的期限非常固定而且比较短，否则我还是更喜欢第二种方法——债券基金，因为收益更高，代价则是有一定波动性，适合稍长一点儿的持有时间，建议持有半年以上。

建立长期投资组合

严格来说，这部分才是我们真正用来投资的钱。前面三个步骤——紧急备用金、保险和 3 年内要用的钱，一次性准备妥当，以后就可以完全放手，一劳永逸。但是长期投资这部分就要稍微费点儿心思了，建立和维护长期投资组合将占据未来理财的大部分时间，我们也会用很大的篇幅讨论这个问题。相比于紧急备用金和稳健投资这些确定要用掉的钱，长期组合的最高目标是"永远用不完"，也就是财务自由的状态。

这里我强调一点：**不要把 3 年内要用的钱（第三步）用于长期投资**。长期投资这件事，有的年份赚，有的年份赔，我们只要做到赚得比赔得多就算是胜利。但是假如你只能投资 3 年以下，大概率还没等到赚钱呢，你就到用钱的时候了。到时候赔钱的事儿全赶上了，看着别人赚钱干瞪眼。有句话你很可能听过，"用闲钱投资"，说的就是这个道理。

小结

前面的两节我们介绍了四类投资产品——股票、债券、抗通货膨胀资产、现金，两类投资工具——理财产品和基金，也介绍了投资的四个步骤，以及对应的四笔钱。现在我们来把前面的知识点稍微整理一下，看看它们之间如何相互关联。

- 紧急备用金→活期储蓄、货币基金（现金）。
- 稳健投资→理财产品、债券基金（债券）。
- 长期投资→各类基金，涵盖债券、股票、抗通货膨胀资产、现金。

建立一个投资体系并没有特别复杂的操作，只要经过一些简单的统计和计算，每个人都可以建立起一套符合自己的投资体系。搞定了投资四个步骤中的前三步，剩下的资金和精力就可以放心地建立长期投资组合了，这一步可能有很长的路要走。

除此以外，我还给你准备了一份检查清单，放在附录中，帮你做好投资的准备工作。

10％的投资收益率很难实现吗

读到这里你们是否还记得表 1.1 中与财务自由相关的计算？每当预测未来长期收益率的时候我总会用 10％这个指标，而每一次提到这个数字之后，必定会有很多读者问道："去哪里找收益率 10％

的理财产品？"所以这一节专门把这个数字提出来。要获得10%的长期投资收益率真的很简单，10%的收益率就藏在基金里面，这也是为什么我们要把基金作为主要投资工具。

先给大家看一个数据，它来自中国证券投资基金业协会2018年的《公募基金成立20年专题报告》：

> 近19年偏股型基金年化收益率为16.18%，投资者持有基金3年赚钱的概率接近80%。

这个收益率就算比过去十几年的热门投资——房地产——也是丝毫不差的。我常说的10%预期年化收益率不但没有过于乐观，反倒是大大的保守了。

相信部分读者在阅读这本书以前就知道基金这个投资工具，错过这些回报的原因应该不是不知道基金的存在，而是压根儿没想到基金的回报这么可观，再者就是基金投资者总给人亏钱的印象。我觉得这种错过，有不少原因是人们思维模式的差异。

10%的收益率应该是什么样

曾经遇到一个朋友，我说投资理财很容易，长期持有赚到10%收益率的概率挺大的。然后他打开手机银行，把里面所有理财产品按照期限和收益率进行排序给我看，说道："你看，这最高才6%，哪有你说的这么高。"

这是一个典型的投资思维盲点，每当我说预期收益率为10%的时候，总会有读者理解为"每年都能赚到10%"，少一个小数点都不行。在讨论线性思维和非线性思维时，我会画这样一张图（见图2.1），可以很直观地表现出它们的差别。

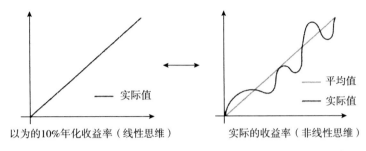

图2.1 针对收益率，线性思维与非线性思维的差别

年化收益率10%并不是稳稳地每年赚10%，更不会将其约定在理财产品的条款里。这个收益率实际上是一个长期平均的结果，我们可能有的时候赚钱，有的时候赔钱。

我们总有过度平均化的倾向，尤其是面对和钱有关的问题时。所以在这里强调一句：预期年化收益率10%，不代表每年都是10%，而是时高时低、时赚时亏，最后平均下来是10%。但问题是，总有人受不了亏损。

投资还是心大点儿好

总有投资者是只能接受赚钱而受不了一点儿亏损的，那有没有保本保收益还能获得10%以上收益率的机会？曾经好像有过，P2P呀，但是现在大家已经知道了这并不可靠。

投资的一个基本逻辑——**保本保收益和高收益很难两全**，能勉强做到的那也不是普通人能参与的。

想要获得更高的预期回报，就必然得接受投资可能的亏损。

但是有人可能不乐意了，我投资是赚钱去的，亏钱我怎么能受得了。虽然我们不可能完全避免亏损，但确实有简单可行的方法帮助我们降低亏损的可能性——长期持有，持有时间越长，亏损的概率越低。前面的统计数据也提到了，投资者持有基金3年赚钱的概率接近80%。

除此以外还有一些方法，而这一章的内容就是为了告诉你哪些策略可以降低亏损，提高收益率。不同的人可能有不同的方法，但是最终目标都是：低点入、高点出，长期持有不折腾。

且有一点是确定的，没有任何一种方法能够保证高收益的同时完全避免亏损，能向你保证这点的人非奸即盗。

不要试图自己做好每一件事

说到这里你应该明确了10%的年化收益率在哪儿获得，当然是投资基金了。工薪族投资者并不需要投入过多的精力钻研投资、分析公司，简简单单地投资基金就好。

我们要学会放权，让专业的人做专业的事。作为工薪族，我们最擅长的其实是我们的本职工作，完全不需要舍本逐末。我想要告诉你的就是：利用市面上已有的工具，降低自己的投资难度，实现"躺着赚钱"。

不要以错误的方式入场

基金的历史表现非常好，但是这并不等于可以什么也不考虑地投资基金，我们还是需要有效的策略。在后面的章节中我会介绍几种适合工薪族的投资策略。

如果找出过去十几年的新增基金开户数据，我们会发现大部分基金投资者都是牛市的高点在家人和朋友们的"赚钱效应"影响之下冲入证券市场，这会让投资者的预期收益大打折扣，甚至导致亏损。

想要在基金市场赚取收益的投资者，要学会在他人不看好的低谷时期开始布局，等到大家眼红的时候淡然离场。

这个道理说起来容易，做起来却并不容易，人性总是难以克服的。所以，我们需要一些工具来帮助我们实现理性投资，从市场中从容地赚取收益。

定投：投资、储蓄一步搞定

我要介绍的第一个投资方法就是定投。定投是一种省时省力、长期收益又有保障的投资策略，对普通投资者是一个难得的好策略。定投其实就是定期投资，选定一只或者几只基金，制订一个计划，每月或者每周按计划投资这些基金就可以。

- 选择一只或者几只基金。
- 每个月工资一到手，先完成定投计划。最好能在基金相关的 App 内设置自动定投，自动扣款。

很多工薪族挂在嘴边的"没钱理财"和"没有时间理财"在定投面前完全不是问题。

定投不需要有初始本金，只要有收入就可以开始定投。可以说，定投一步实现了储蓄和投资两个操作。

现在大部分基金软件都支持自动定投，只要设置好定投时间和金额即可。而且即便是完全手动操作的情况，定投每个月半个小时也差不多可以搞定。

刚刚我们说过，很多投资者持有基金亏损是因为入场的时机不正确。投资最大的敌人其实是人性，高买低卖、匆忙入场，看见身边有人赚钱就急不可耐地进场操作，最后亏钱退场。

而定投则是一个避免犯这类错误的有效手段，相比于一笔投入

"押大押小"，定投会在几年中定期不断投入，降低入场时点的不利影响，操作门槛更低。以一个简单的公式为基础，确定未来的投资额，从而在一定程度上排除人性的贪婪和恐惧对投资的干扰。选择公式、相信公式是定投的基础，如果一天一个策略，到头来基本还是走不出亏损的怪圈。

我们不妨来看两种行情下定投平均持仓成本变化，如图 2.2 所示，其中实线表示基金当前行情价格，虚线则表示定投平均持仓成本。只要实线高于虚线，则表示当前基金的价格高于平均买入价格，我们就是赚钱的。

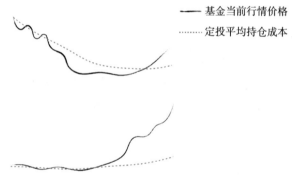

基金当前行情价格
.... 定投平均持仓成本

图 2.2　两种行情下定投平均持仓成本变化

在图 2.2 中，第一种情况是入场时机"不太好"，在熊市初期开始执行定投，然后一边定投一边下跌。虽然在这样的行情下会有一定的账面亏损，但是在定投的过程中我们的持仓成本也在不断下降。等到市场行情改善、重新开始上涨，我们的定投平均持仓成本已经有明显的下降，很快就会开始盈利。

从这个走势可以看出，定投策略对于入场时机的容错性很高，即使是在下跌行情一样可以开始定投，并在下一轮牛市实现盈利。但是这里有必要说一句，定投的思路只适合基金，个股不建议这样操作。基金长期而言是正回报的，有跌必有涨，但是个股的涨跌是不定的，真的可能一路跌下去甚至直到退市。对于个股而言，一边下跌一边补仓不见得是一个明智的选择，所以才有"止损不止盈"的说法。

第二种则是预期比较好的情况，在市场低估时期开始布局、积累投资仓位，然后牛市一旦启动就能够开始盈利。

大家可能认为牛市时期定投最好，其实不然。虽然牛市开始定投，不存在浮亏，账面上是一直盈利的，但是缺点在于，时间不够长，积累仓位不够，虽然收益率不错，但是实际收益金额并不高。从追求收益的角度来说，大家最避之不及的熊市下跌行情才是定投最好的时期。不过我们也没有必要太过纠结入场时机，就像前面说的，定投对于时间并不敏感，任何时期都可以开始定投。

不论是从所需精力还是能力门槛来看，定投都是最适合普通人的投资策略。定投方法看起来简单，却一次性解决了"没有本金""不知道什么时候入场""该买多少"等问题，同时大幅度降低波动风险，堪称"个人理财的一大利器"。

为什么要使用定投而不是单次投入？相比于一次性投入，定投通过分散投入的方式，把建仓风险大比例降低。我们常说分散投资降低风险，实际上定投正是一种时间维度上的分散，是从不确定性、波动性中获利的有效方法。越是波动大、不理性的市场，反而越适合使用定投策略。

定投适合所有普通投资者，除了适合没有初始本金的投资者以外，已有本金的投资者一样可以采用定投的方式建仓或者调整投资。我们可以把本金以定投的方式投入或者撤出市场，比如把本金分成6份，每月投入一份直到全部投入，反之也可以按照这样的思路撤出。

这样定投式的分批投入，除了降低波动风险，做到时间上的分散，也能有效减轻投资者的心理压力和焦虑。

对于绝大部分投资者而言，判断准确的买点和卖点很难。实际上，由于"从众效应"和市场周期的影响，这类一次性建仓大概率发生在市场高位，越是危险的牛市后期，"稳赚不赔"的预期反而越普遍，大众的开户热情越高。所以，一次性投入的资金很容易成为市场波动的牺牲品，而波动又是金融市场，尤其是 A 股的常态。

定投的最佳频率

既然定投是定期投资，那么我们需要明确的一个问题就是期限。这也是关于定投的一个非常常见的问题：每周定投好，还是每月定投好？

关于这个问题有很多的讨论和研究，我个人也用历史数据进行过回测，先把最终结论给大家：每月定投和每周定投最终收益的差别是微乎其微的，基本可以忽略。定投是一个长期活动，一般会持续几年，因此不管是从逻辑还是最终统计数据的角度，每周定投还是每月定投都构不成收益的差别。

所以我建议，与其考虑哪个方法收益最高，不如从投资收益以外的角度入手，比如：

- 选择自己最舒服的操作方式。有些投资者喜欢每周定投带来的掌控感和成就感，那就选每周定投；有些投资者希望省事少操作，那就选择每月定投。
- 按照工资的发放频率操作。我自己比较喜欢这种方式，工资一到手就立刻定投。一来避免自己"剁手"花掉本金；二来能尽可能减少本金在银行账户里的滞留时间，避免资金浪费。

总体来说，最理性的定投频率是与工资的发放频率保持一致，工资一到手就定投。比较勤快、希望对投资有更强控制感的投资者可以选择每周定投。

具体的回测方法和数据可以在这本书的附录中找到。

定投的方法

我会在这一节介绍几个常见的定投思路，方便大家参考。最传统的定投，指的是定期定额投资，这也是定投名字的由来。不过这个方法后来被不断扩充，又在定期定额的基础上发展出了定期不定额投资，包括均线回归、价值平均和指数估值等策略。

总体来说，目前共有以下四种被广泛使用的定投策略，接下来会介绍这四种定投的操作方法以及每种方法的适用场景：

- 定期定额策略。
- 均线回归策略。
- 价值平均策略。
- 指数估值策略。

定期定额策略

定期定额是最基本的定投策略，适合每一个人。所谓定期定额，即每隔固定的时间投入固定的金额，比如每个月投入 1 000 元、每周投入 500 元等，我们前面的举例也是基于这种简单的定期定额策略。几乎所有的基金相关 App 都可以执行自动的定期定额投资计划，设定日期和金额，然后自动从账户扣款。

我建议没有定投经验的读者优先选择定期定额的方法入门，这个阶段还是应该以简单和确定性为优先条件，定期定额的方法对于资金的要求是固定的，更容易实现预期目标。

相比之下，后面要讲的三种定期不定额策略，需要较高的计划性和资金弹性。如果规划不周，很容易给日常生活造成不利影响。如果前期没有定投经验，盲目选择稍微复杂的定期不定额方法，很容易在亏损时产生怀疑，使执行效果打折扣，甚至放弃定投。相比之下，定期定额策略是所有策略中最容易坚持的。

等积累了较多的定投经验，确定可以承受更大的本金波动以后，就可以考虑使用一些进阶的定期不定额策略获得超额收益了。

定期不定额策略的思路很简单，市场存在波动，有跌有涨，所以我们可以在市场下跌、价格便宜的时候多买一点儿，在市场高位上涨的时候少买一点儿甚至卖出。要做到这种"高抛低吸"，我们首先要明确什么算是高、什么算是低。

目前主要有三种判断策略：

- 均线回归策略：对比当前价格与过去一段时间的平均价格来确定定投金额。
- 价值平均策略：根据过去的本金损益和涨跌来确定定投金额。
- 指数估值策略：根据当前市场的估值水平来确定定投金额。

均线回归策略

均线是指过去 N 天的价格平均值曲线，比如 30 日均线，就是过去 30 天价格平均值曲线。均线回归策略的核心逻辑很简单，当前价格总是围绕着过去 N 天的平均价格波动，当价格低于均线的时候多买一点儿，当价格高于均线的时候少买一点儿，实现"低买高卖"。沪深 300 指数 30 日均线示意图如图 2.3 所示。

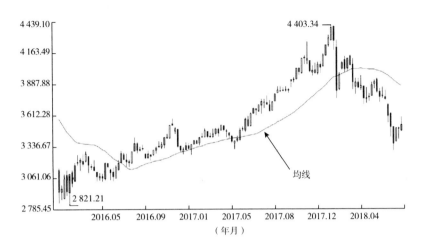

图2.3 沪深300指数30日均线示意图（周K线）

资料来源：xueqiu.com.

在具体的操作上，这个数据的计算和获取对大部分工薪族是比较困难的，我也不建议大家手动计算当前的均线和定投金额。

利用市面上已有的工具无疑是一个更好的选择。其实在我们常用的App之———支付宝——中就已经内置了这样一个均线回归策略，被命名为"慧定投"。

选择"慧定投"就使用了均线回归策略，蚂蚁财富会根据过去的均线、振幅等信息，自动计算每个月应该投入的金额。慧定投的每期定投金额在设定金额的60%~210%支付。支付宝对慧定投的介绍如图2.4所示。

参考指数和参考均线的选择标准：

- 大盘基金，建议参考指数选择沪深300，参考均线选择250日均线。

- 中盘基金，建议参考指数选择中证500，参考均线选择250日均线。

- 如果不知道是大盘基金还是中盘基金，建议参考指数选择
  沪深 300。

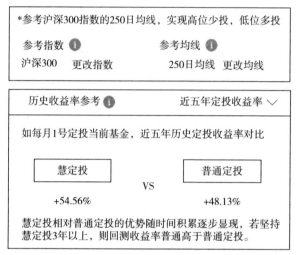

图 2.4　支付宝内对慧定投的介绍

均线回归策略的适用性也很好，和定期定额策略相差不大。对现金流要求适中，每期投资额在设定金额的 60%～210%，大部分投资者只要做好适度规划，还是应付得来的。

价值平均策略

这个策略在迈克尔·埃德尔森（Michael Edleson）所著的《价值平均策略：获得高投资收益的安全简便方法》（*Value Averaging：The Safe and Easy Strategy for Higher Investment Returns*）一书中首次被提出。所谓价值平均，是指每期投入的资金要使账户的净值按照固定的金额增长。一般的定投方法是确定每月定投的金额，而价值平均策略则是确定增长目标，再计算应该定投的金额。以下举例说明。

假设希望每个月净值增加 1 000 元，且第一个月投入 1 000 元，如果：

- 第二个月，基金下跌 100 元，就应该定投 1 100 元，使净值增长 1 000 元，到达 2 000 元。
- 第二个月，基金上涨 100 元，则定投 900 元，使净值增长到 2 000 元。
- 比较极端的情况，第二个月，基金上涨了 1 100 元，净值已经达到 2 100 元，则卖出 100 元，使得净值"增长"到 2 000 元。

简单来说，价值平均就是越跌越多买，越涨越少买甚至卖出的定投策略。相比于上面两种策略，价值平均策略更加激进，相信大家也注意到了，如果已投资金比较多，在市场大幅下跌过程中，来自现金流的压力会非常大。假设每月投入 1 000 元，已经累计投入了 50 万元，其间市场下跌 10%，则下个月要投入 51 000 元，达到了原计划的 51 倍！

所以在这个基础上，又加上了一个限制，提出了"有限价值平均"，即每期投入资金最多为计划的 5 倍，降低了来自现金流的压力。

这个策略的计算相对简单，也有相关 App 已经提供对应的自动功能，例如投资社区雪球旗下的基金平台蛋卷基金。在蛋卷基金中，选择"智能定投"即可激活有限价值平均策略。蛋卷基金中对"智能定投"的介绍如图 2.5 所示。

从最终的实际收益来看，价值平均策略收益要略高于均线回归策略，而代价则是定投金额波动更大，从 $-\infty \sim 500\%$。

价值平均策略的使用要求比较高，来自现金流的压力也比较大。即使使用有限价值平均策略，5 倍的预设金额也不是谁都可以随随便便拿出来的。假如我们计划是每个月定投一半的收入，那么最极端的情况下我们要一个月定投 5 倍，相当于 2.5 个月的工资，

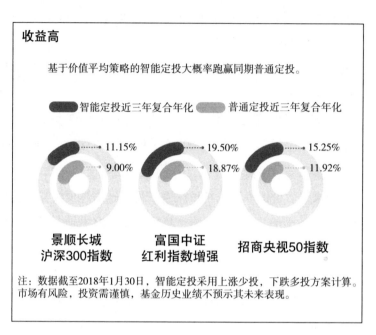

图2.5 蛋卷基金中对"智能定投"的介绍

压力可想而知。所以价值平均策略主要适用于下面两种情况：

- 新一轮定投的早期，已投入金额还比较少，对应的潜在波动较低。
- 手中有大笔闲置资金，需要分批把本金投入市场。

指数估值策略

不论是均线回归还是价值平均策略，都是以相对价格为参考，看的是价格而不是价值，即根据过去是涨了还是跌了来判断，但是不容易判断市场当前的绝对高低。相比之下，指数估值策略以估值为基础，最符合投资的内在逻辑。指数估值投资本质上就是指数版的价值投资。

投资入场时，市场估值越低（此时市场往往很低迷），未来10年的可预期收益往往越高；市场越火热、估值越高，那么未来10年收益往往会越低甚至为负。低估定投、高估止盈构成了估值定投的基础。

指数估值策略的操作逻辑如下：

- 低位定投：寻找那些低估的指数基金定投，越低估投入越多。
- 正常持有：当指数恢复正常估值后，停止投入，继续持有当前份额。
- 高位止盈：等到牛市到来、指数高估时，再分批卖出止盈。

对于估值，目前使用比较广泛的参数就是市盈率、市净率和股息率。所谓市盈率，就是对应公司的市值比年盈利，市净率则是市值比公司资产净值，股息率则是每年股息比公司市值。

相比于其他三种定投方法，目前指数估值定投只能手动进行操作，需要分析和计算，也比较考验投资者的执行力。建议积累一定的投资经验以后，再考虑指数估值定投。

不过，"偷懒"的方法也是有的，很多成功的投资者会在网上公开自己的操作记录，方便大家参考，即跟投。跟投可以简化思考和计算的部分。但是跟投同样需要投资者具有较高的执行力，如果没有彻底搞明白跟投策略的逻辑，很容易在市场低迷时期产生怀疑，导致定投中止。关于跟投这个话题，我们会在后文讨论。

指数估值的操作方法相对复杂，《指数基金投资指南》一书有很详细的阐述，可以参考。

四种策略横向对比及总结

对以上四种定投策略进行比较，如表2.1所示。这四种策略的难度和要求是逐步增加的，大家可以根据自己的情况选择。

表2.1　四种定投策略对比

参考指标	定期定额	均线回归	价值平均	指数估值
使用难度	极简	简单	简单	进阶
现金流压力	低	中	高	中高
自动定投	大部分App	蚂蚁财富等	蛋卷基金等	手动跟投

另外强调一句，定投的根基是坚持，制订好计划以后，风雨无阻，长期坚持，不要主观判断。方法只是一种锦上添花的辅助，如果不能好好坚持，任何方法都发挥不了作用。

关于定投，我常常会收到类似这样的提问，"如果执行定投的时候，遇到了大涨大跌，要不要干预？"这里统一回答，"该干吗就干吗。"当初的计划是什么样呢？该定额就定额，该加仓就加仓，该止盈就止盈，不要主观判断，但凡主观判断难逃"十赌九输"的结局。

如何选择定投策略？

关于定投策略的选择，建议按照"优选自动定投，次选手动操作"的原则。意外中断是定投的大忌，而自动定投能够最大限度地避免意外中断带来的不利影响。

引用公众号"持有封基"讲过的一个真实故事：

（同事）问我普通人有什么投资方法，我当时就推荐了定投中证500，我还说了场内成本便宜的优点，到了2015年，我自己定投的中证500实现了翻番，赎回了，顺便问了一下大家，结

56

果只有3个人坚持下来了，而这3个人全部是场外自动扣款定投的。

没坚持下来的主要原因还是人们在市场大跌时恐惧，还有一小部分人是因为贪婪。到了定投日，看着一直在跌，想着明天再投是否会更加便宜；到了明天涨上去了不买，因为想着昨天便宜不买，今天涨上去买我不是太傻了吗？继续跌更加不买，因为想着继续跌那后天是不是会更加便宜呢。就这样一来二去地场内定投就"夭折"了。

所以说，选择定投方法，应该把自动化、简单化放在第一位，方法放在第二位。等到对定投有了足够的经验，至少经历了一轮市场周期，再尝试稍微复杂的方法。

定投什么时候开始？

定投是一个长期积累的过程，最终收益受短期市场波动的影响很小，任何时候都可以开始定投。虽然不同时点开始，短期收益会有区别，但是对长期收益影响其实并不大。就绝对收益而言，选择开始的时点远不及选择止盈的时点重要。

2018年年初的行情比较好，2018年下半年等比较晚开始定投的朋友已经开始盈利了，而更早开始定投的朋友还存在一定程度的亏损。这会给人一种感觉，更晚开始定投的这些朋友更加幸运，开始太早反而不划算。

但是如果我们看另一面，虽然晚开始定投，实现了盈利，但是因为时间短、账户积累少，绝对收益其实并不高。而比较早定投的朋友，如果只看最近几个月的表现，账户的绝对收益实际是更高的。如果市场开始进入牛市一飞冲天，必然是越早定投最终获利越多。

盈亏总是同源的。你现在吃的亏，都是给未来攒下的家底。

聊聊定投的止盈

所谓止盈，就是当基金大幅盈利后赎回基金，落袋为安，然后再开始新的一轮定投或者转向其他投资思路的操作。

由于资本市场常常出现非理性的暴涨暴跌，牛市疯涨，熊市又是大幅度连年下跌。如果我们没能在牛市非理性高位时期有效止盈，而是持续留在场内，收益就会面临大幅度缩水。我们有必要在牛市末期及时止盈保住利润，等到熊市到来再重新投入资金。

越是不理性、波动大的市场，止盈越有价值。如图 2.6 所示，沪深 300 指数在 2015 年和 2018 年都出现了大比例的回撤。虽然我们不可能完全避免每一次下跌，但是辨别市场的极端非理性时期并从容退出还是可以做到的。

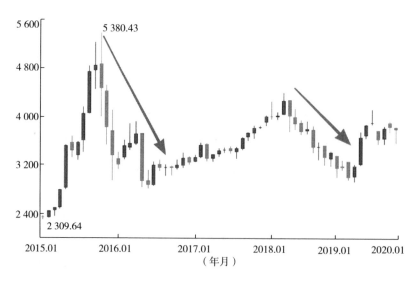

图 2.6 沪深 300 指数月 K 线走势

关于定投，有一些常见的量化止盈策略，如定目标止盈。定目标止盈一般是设定一个预期的投资收益率，达到这个目标以后就进行止盈，如常见的翻倍止盈或者年化收益率达到20%止盈等。

但是我个人还是觉得这类止盈规则太死板，很难应对市场的变化，定目标止盈参考的是市场的相对变动而不是绝对价值，所以起点不一样最后执行下来的效果也完全不同。同样是翻倍止盈，对于在市场底部开始定投的投资者来说可能刚刚好，但是如果在行情启动后"半山腰"开始定投的投资者，很可能还没到止盈标准，行情就急转直下，看着账面盈利消失殆尽。

从逻辑来讲，我个人比较喜欢根据估值来决定止盈，因为估值直接衡量市场的当前价格水平，更符合投资的内在价值规律，我们在上文指数估值策略中也有介绍。但是对于我们工薪族来说，跟踪和判断这些数据的工作量和难度也不小。

所以我在实际操作中会采用更加讨巧的方式——盯梢。现在互联网上有很多不错的公开策略可以参考，比如ETF拯救世界的"长赢指数计划"或者银行螺丝钉的"低估指数定投"，他们都会在自己的公众号上提供非常透明的参考建议，[①] 我们可以根据这些投资者的观点建立一个加权的评价指标。盯准自己比较信任的几个跟投计划，分批次地跟着止盈，退出自己的定投。

退出的资金可以考虑用来投资一些更加保守的债券基金或者采用股债二八策略，即选择20%股票、80%债券，既能保底，又能获得一部分牛市后期的收益。除了股债二八策略以外，也可以考虑退出后换入部分趋势类策略，比如二八轮动，牛市后期效果也不错。

在这里有必要着重强调一个会对投资者的收益造成非常大损害的错误操作——过早止盈出场。

---

① 在后面"作为工薪族要学会躺着赚钱"一节中我们会有这方面更多的讨论。

每当手里的投资产品开始解套赚钱的时候，总有朋友比较"勤快"，刚刚赚了几个百分点就早早抛掉变现出场，结果到后面发现错过了动辄翻倍的大行情，懊悔不已。最后下定决心重新冲回场内，却正好等到了牛市的顶点，市场转而下跌亏损收场。

我们不妨想想，如果我们在市场底部亏损时坚持这么久，百分之十几的浮亏都坚持下来了，然后赚了3个点却跑了，我们真的甘心吗？

在亏损的时候能够坚持持有，等到解套开始盈利的时候却止盈退出，这是很多散户在市场赚不到钱的一个原因。另一个原因则是，在亏损底部区间"割肉"，然后踏空追悔莫及，再在高位追高，最后摔下来，即"追涨杀跌"。

当初考驾照的时候，教练常说一句话，"方向盘要快打快回，慢打慢回"。这个道理在投资上也一样适用，可以理解为策略前后的一致性。

定投是慢功夫，一波定投一般都会长达3~5年。假设各位是从2015年那波牛市止盈以后重新开始定投至今，这就是典型的"慢打"，这是一个长弯道，所以止盈的时候也自然是"慢回"，这个慢表现在：

- 别着急止盈，多赚一会儿，让利润"滚"一会儿。
- 止盈的时候别一下全卖了，慢慢来，慢慢卖。

具体到操作上，我会这么进行止盈：

- 选2~3个自己认可的跟投策略或者定期更新自己观点的投资大V，然后把自己的投资划分成2~3份（不一定要跟投），每当一个策略翻空，就跟着平仓一份。

- 以上面说的一份为单位，每份分 3 个月卖出，并换入债券基金或者股债二八策略。

判断和择时有较高的门槛，普通投资者不管是认知还是时间都不太能胜任这份工作。一些简单可量化的止盈策略又太死板，比如翻倍就卖，那涨 95% 再跌回去呢？你闹心不？专业的事交给专业的人来做，找个靠谱的策略或者大 V 比自己成为大 V 要容易得多。

每份投资分 3 个月分批卖出是为了熨平短期波动，避免一次性卖出又正好赶上短期低点的情况。别想着一下卖在最高点，很少人有那个择时能力，每次都准确抓到顶部那个"尖尖"的概率太低了。

平仓以后我不建议大家彻底离场，投资忌讳赌博心态，也不是简单的押大小，空仓本身也是一种赌博。我建议遵循"不满仓、不空仓"的原则，不管市场行情多好也不要 All-In（全部投入），不管行情多差也不要完全离场。

相比于彻底的空仓，半仓无疑是一种更加稳健的投资思路，推荐股债二八策略。卖出以后最纠结的问题无非市场还在涨，所以选择一个市场跌了我们开心（因为大部分已经卖了），涨了我们也不沮丧（因为我们还有 20% 的仓）的策略就尤为重要，股债二八策略无疑是一个简单有效的选择。

除了上面的策略以外，还有一个比较主观的方法可以参考，不过仅仅是参考，别拿这个当硬指标。一般而言，市场从底部到顶部的发展遵循如下的规律：

- 底部的时候，你很难和身边的人解释自己的投资，大家可能会认为你糊涂了，劝你"早早回头"。

61

- 脱离底部时，身边劝你"回头是岸"的人越来越少，解释投资也越来越容易，这个时候可能已经不是最佳的入场时机了。
- 步入牛市后，朋友们开始咨询你投资的事情，这个时候你就要尤为小心了。
- 最糟糕也是最危险的时候是，原来不赞同你投资的朋友开始给你推荐股票和基金了，别想了，准备退出吧。

小结

定投是一个简单但有效的投资策略，非常容易理解和执行，定期买入再制订一个合适的止盈计划就可以开始执行。对于个人投资者而言，我认为基金定投算是适应性最广、最有效的投资策略。

但是定投虽好也不是万能的，定投策略也有自己的局限，所以我们还需要另外一个思路——资产配置。

走向资产配置

对于普通投资者而言，投资有两大"好策略"——定投和资产配置。这两种都是经过历史检验的、简单有效的公式化的策略，上手非常容易，而且收益可观。关于定投已经介绍得比较充分了，接下来我们来聊聊资产配置。

为什么有了定投依然需要资产配置

定投虽好，但是不能解决全部的投资问题。

定投策略的核心是现金流，通过持续不断的投入抵消波动风险并利用市场的过度波动。但是随着本金增加，现金流能够带来的作用也越来越小，毕竟现金流是不可能无限增长的。而且由于定投策略相对简单，比较难针对每个人的实际情况进行完美的匹配。

比如下面这个例子：

假如我每月定投1 000元，开始定投的第一个月下跌10%，但是等到第二个月定投再投入1 000元，浮亏就从10%被摊薄到5%。基于这种时间上的分散，本金比较少时，定投的现金流可以降低账户的波动。
但是假如已经定投10个月，账户里面已经积累了10 000元，这时账户下跌10%。即使新的一个月再定投1 000元，浮亏也只能从10%被摊薄到9%，分散效果大大减弱。

定投的目标是在本金较少的情况下，同时实现本金积累和本金增值。资产配置则是在已有初始本金的前提下，追求本金的增值。随着人生发展和本金积累，从定投逐渐转向资产配置几乎是必然的。投资策略随人生轨迹的变化如图2.7所示。

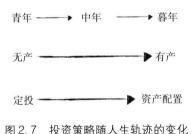

图2.7 投资策略随人生轨迹的变化

相比之下，资产配置的核心则是本金，不再依赖现金流和未来的外部投入。强调对于当下已有资产进行合理分配，实现资产保值增值。资产配置的策略可以通过调节不同资产配比来满足不同的投资目标和需求。定投与资产配置的区别如图 2.8 所示。

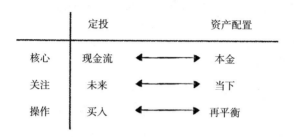

图 2.8　定投与资产配置的区别

由图 2.8 可见，定投和资产配置的区别体现在不同的维度上。定投强调时间上的分散，以稳定的现金流为前提，通过未来不断投入熨平市场波动；资产配置强调当下的分散，通过配置不同投资品种和再平衡，抵御并利用市场波动。

简单来说，你的收入，即新增本金，可以用来定投。而已有的本金，比如定投止盈以后，则需要通过资产配置来安排。

资产配置的三个基本概念

所谓资产配置，其实就是把本金按照一定比例投资于各种大类资产并保持再平衡的过程。广义上来说，你把所有的本金都放进余额宝，这也是资产配置，只不过是方案是否合理罢了。

这里先说说资产配置和相关名词的概念：

- 大类资产：通俗理解为不同类型、走势不相关的资产。
- 资产配置：按照一个确定的比例投资不同大类资产。
- 再平衡：保持大类资产比例的操作就是再平衡。

房产、股票、债券、现金都算是大类资产，不同大类资产的底层投资产品应该是不同的。举个例子，股票、股票基金和股票指数基金，表面看起来是股票和不同的基金，但是其实都是股票大类，因为这三种投资都是直接或间接投资于股票的。而股票基金和债券基金虽然都是基金，但是两个大类，因为是分别投资于股票和债券的。股票基金等同于股票，债券基金等同于债券。

其实我们前面在"投资武器库"这一节所说的债券、股票、抗通货膨胀资产、现金，就是最基础的四个大类资产。

资产配置的核心是什么？资产配置包含各种大类资产的百分比和再平衡两个要素。提到资产配置，大家第一个想到的可能是不同资产的百分比，自己应该每样投资多少。但是资产配置的真正核心其实是再平衡，而不是百分比。正是因为再平衡的存在，才使降低风险的同时提高收益成为可能。

为什么要有再平衡这个操作呢？因为随着市场行情的发展，不同资产的占比总是会偏离当初买入的百分比，上涨的投资占比会变多，下跌的投资占比会变少。而再平衡则是通过卖出上涨的、买入下跌的，把这个百分比重新调整为当初的目标值。再平衡本质上是一种被动的高抛低吸。

资产配置的一个经典例子就是极简的50-50策略，即一半指数基金、一半货币基金，这其实就是一种资产配置。如果我们只考虑百分比，不考虑再平衡，那么最后我们实现的收益约等于指数基金收益的一半。

但是当我们加上再平衡操作以后，账户的风险和波动会下降，收益可能反而随之上升，甚至会高过全部买入指数基金的收益。这便是再平衡的威力，甚至可以说，没有再平衡就没有资产配置。

细说再平衡——资产配置的核心操作

为什么说再平衡操作是"天上掉下的馅饼"呢？因为再平衡操作可以在降低账户波动风险的同时改善账户收益。

所谓再平衡，就是通过定期的买入卖出操作维持投资组合的目标配比，和定投一样是一种简单的公式化操作。再平衡的核心逻辑可以用四点来概括，即通过公式化的定期操作，降低投资组合的波动风险，提升同等风险水平下的收益率，实现被动的高抛低吸。

再平衡操作的变量只有一个——频率，比定投的变量还要少。所以说再平衡非常容易学习和实践。

为了方便，我以下就用前面提到的50-50投资组合来举例，即账户一半资金投资沪深300指数基金、一半投资债券基金（或者货币市场基金）。在实际操作中，我们可以根据自己的情况灵活搭配不同资产的比例，这个问题以后再展开细说。

对于50-50投资组合来说，再平衡的操作流程很简单：

- 到达预定的再平衡时间，重新计算组合总净值。
- 计算指数基金和债券基金的当前实际占比。
- 卖出占比超过50%的资产，买入占比低于50%的资产，使比例重新回到50%∶50%。

对于其他相对复杂的组合策略，操作的工作量也会随之增加。不过鉴于再平衡的频率往往较低，所以完全在可承受的范围内。

被动择时，高抛低吸

细心的读者会注意到，其实再平衡本质上就是一个高抛低吸的操作。但是不同于我们主观的常常以悲剧收场的高抛低吸，再平衡受益于公式化操作，避免了心理因素的干扰，所以要更加稳健。

图2.9是50-50投资组合与100%指数基金的假想走势图，由于再平衡操作，我们会在高点卖出并在低点买入，最终在零收益的市场获得正收益，实现被动择时。

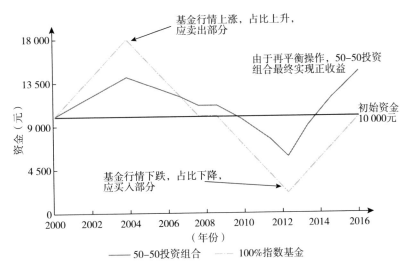

图2.9 50-50投资组合与100%指数基金的假想趋势

再平衡背后其实是一个很简单的常识——均值回归。任何资产价格都不可能永远无限上涨，而合规合法的大类资产也不太可能无限下跌。均值回归这个道理已经经过了无数次的检验和证明，泡沫总要破灭，估值洼地总要被填平。

实际上，基金定投也在一定程度上利用了均值回归的原理，尤其是上文提到过的均值回归策略。

降低波动风险，提升组合收益

这部分需要用数据来说话了，我对50-50策略每年再平衡、50-50策略无再平衡、100%沪深300指数基金和100%债券基金进行了一组简单的对比回测，如图2.10所示，其中初始净值均为1。

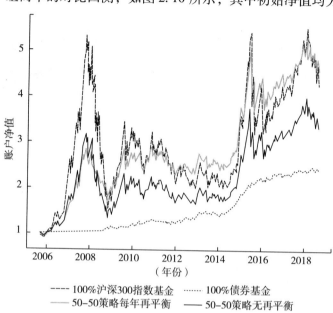

图2.10　不同投资策略的净值趋势

同样的持仓组合，一半指数基金、一半债券基金，加入再平衡操作以后累积收益居然提升了50%，而且组合的波动大幅降低。

无再平衡操作的组合，最终收益介于股票基金和债券基金中间，波动风险降低了，但是组合的收益也随之降低了。

然后再看每年再平衡的组合，由于再平衡操作的存在，组合的收益远超无再平衡的组合账户，而且波动明显更小。再平衡账户的收益在熊市末期甚至高于全仓指数基金的收益，而且组合的波动大幅降低，不用承受行情"过山车"之苦。

如何选择再平衡的时点

介绍了这么多，可以总结成一句话"再平衡很好"。那么下一个问题来了，再平衡的唯一变量——频率，应该怎么选择？

目前主要有两种思路——定期再平衡和定波幅再平衡。定期再平衡一般以一年或半年为周期，而定波幅再平衡则是当组合的占比偏差超过预定值以后进行再平衡，比如占比偏差超过 5 个百分点，进行一次再平衡操作。

这里需要说明一下，偏差 5 个百分点对应的不是资产 5% 的变化，而是 20% 的变化。假设组合中的指数基金增长了 20%，占比会从初始的 50% 增长到约 55%。资产的波动换算到占比的百分比以后，数字会明显缩小，需要注意。

对于工薪族投资者，考虑到时间成本和精力，我建议按照时间周期再平衡，一般选择半年或者一年再平衡一次为佳。

相比于定时再平衡，定波幅再平衡耗费的精力比较大，需要投资者持续关注市场并跟踪各个大类资产的比例偏差。而且我对几种策略的表现进行了一次回测，基于这种波幅的再平衡策略虽然适应性更好，但是并没有表现出明显的优势。

在定时再平衡的测试中，有时每年再平衡效果更好，有时候则是每半年效果更好，大家可以根据自己的实际情况来选择。我个人是习惯每年再平衡，一方面，工作量比较小，而且和年度总结等其他活动放在一起能获得一个更加完整的投资视角；另一方面，对于海外的投资者，每年尤其是在年关附近再平衡还有一个很明显的税收优势，我们可以根据情况灵活选择，把利润兑现在当年或是下一年，从而降低税收压力。

小结

简单回顾一下关于资产配置的讨论：

- 定投更适合本金积累阶段，而资产配置更适合已小有本金的投资者。

- 资产配置以再平衡为核心，然后才是各类资产的具体占比。
- 再平衡可以有效降低风险并提升风险调整后收益。
- 推荐进行每年或每半年的定时再平衡。

每个人都应该掌握的基础资产配置策略

前面我不止一次用50-50这个"傻瓜式"的策略来对资产配置进行举例，但是你们可能没有想到，这个简单的策略就可以轻松跑赢市场中其他90%的投资者。这是一个非常简单但有效的策略。

我最初接触这个投资策略的时候还比较"小白"，对其他复杂的策略了解不多。但是，如今了解了更多相对复杂的策略以后，我依然看好这个策略。

最灵活的投资策略

50-50策略本身的灵活性有利于我们从投资中短期支取部分资金，而几乎不会影响预期收益（前提是在再平衡时补足）。

因为这种灵活性，50-50策略非常适合与紧急备用金搭配起来，我们可以把策略中的债券基金或者货币基金的一部分看作自己的紧急备用金，遇到需要用钱的时候赎回部分应急，以后再把这部分资金补回去即可。相当于自己给自己的低息借款。

而这一点其他绝大部分策略是做不到的，相比之下单纯的指数基金策略就很难做到这一点，如在浮亏阶段变现会是一个非常痛苦的过程。假如市场行情不好，大部分基金在亏损，但是几个月后行情就可能改善，这个时候你突然需要钱、要卖掉部分投资，你说闹不闹心？

而且50-50策略与紧急备用金搭配可以大幅提高资金利用率，从而改善整体收益。而在其他策略中，紧急备用金的存在，实际上会拉低整个投资收益率，毕竟紧急备用金是牺牲收益率换流动性。

最简单的投资策略

50-50 策略算得上相当简单的投资策略了，甚至比定投还要简单。定投还要确定金额、频率，考虑止盈的问题，而 50-50 策略只考虑频率，没有其他复杂的变量。

越是简单的策略，越能长期坚持，效果反而会比更复杂、目标收益更高的策略好，因为坚持是从 0 到 1 的过程。不容易坚持，再好的策略都是 0。

必须承认，单论收益 50-50 策略肯定不是最好的。预期收益更高的策略不少，比如各类跟投、定投都可能实现更高的收益。但是在了解了其他策略以后，我没有放弃这个策略，反而愈加坚持。

这个策略的收益更稳健，虽然不是最好的，但是也不差，最终长期收益和 100% 持有指数基金的收益不相上下，但是风险小很多。就这个收益，跑赢大部分投资者已经问题不大。

另外，这个策略非常简单，容易坚持，而且透明度和自由度很高，可以很方便地和其他策略组合起来，适应性非常好。

所以，我认为这个策略是最好的策略。每个理财配置中，但凡需要考虑紧急备用金的，都可以优先考虑 50-50 策略，这个策略太适合用来"看家"了。

但是这个策略也不是万能的，毕竟 50-50 策略由于自身的保守牺牲了更高收益的可能。我建议 50-50 策略作为自己第一个长期策略，但是本金稍多的朋友不建议只使用这一个策略。采用 50-50 策略的总资金不超过紧急备用金目标的 4 倍，相当于其中投入债券基金或货币基金的金额是紧急备用金的两倍，保留一定的安全边际。

如果资金不多，只采用 50-50 策略也不会让你失望，而如果采用 50-50 策略以后依然有资金余量，可以搭配其他预期收益更高的策略。

延伸策略

50-50 策略其实还有一个进阶的版本——永久组合①，这个资产配置策略也是一个有很长历史的经典策略，最初的倡导者是哈利·布朗（Harry Brownie）。

永久组合相比于 50-50 策略引入了债券和黄金的资产配置，组成了一个股票、债券、黄金和现金四等分的组合。因为引入了其他两类资产，永久组合的表现更加稳健，从长期收益来看永久组合和 50-50 策略不相上下，但是永久组合的稳定性更好、波动更小。

永久组合同样是每年再平衡一次，不过引入了一条新规则，只有当一类资产的占比从 25% 向上或者向下偏离 10 个百分点，即高于 35% 或者低于 15% 的时候才进行再平衡。

资产配置的原则

以给自己制订一个合适的资产配置策略为例，我会说明资产配置中几个非常重要的原则，然后分享一个自己的资产配置策略供大家参考。

我把资产配置的要点整理浓缩为六个原则。

以个人实际情况为基准

资产配置时，投资者很难找到一个方案直接套用就能完美匹配，决定资产配置的是个人的实际情况，而不是对于上涨下跌的预判。这一点非常重要，如果不能接受这一点，基本没有办法逃过追涨杀跌被"割韭菜"的命运。虽然说 90% 的投资收益来源于资产

① 可以参考原著《哈利·布朗的永久投资组合：无惧市场波动的不败投资法则》（*The Permanent Portfolio: Harry Brownie's Long-term Investment Strategy*）

配置，但是资产配置的核心目的并不是选择每个上涨的资产，这是不可能的。资产配置的目的是获得与自己实际情况相符合的平均预期回报。

充分考虑非金融资产

资产配置不但要考虑手中的资金，也必须顾及非金融资产和可预期的变化。投资者常犯的错误是只考虑手中的本金，而忽视了与个人非金融资产的搭配，比如没有考虑工作、年龄、时间等这些非金融资产的属性。实际上，不同的工作性质需要不同配置。工作稳定的投资者可以更多配置股票这类高波动风险的资产，而工作不稳定的投资者则应多考虑现金和债券这类低波动风险的资产。

以股票类投资为主体

股票作为所有大类资产中预期收益最高的品种，应该优先予以考虑。这里所指的股票投资包括基金、私募等所有直接或间接投资于股票的资产，并不局限于炒股。

虽然很多人提起股票都持负面观点，但是这并不符合历史的客观事实。实际上，股市的历史收益表现并不差，长期来看也更有可持续性。股票的负面形象大多数是股民高吸低抛所导致的。我相信这一情况会随着市场的不断成熟而改善。

考虑个人偏好

虽然从收益的角度来讲，股票类资产的收益最高，应该优先配置。但是也必须尊重个人的风险偏好，有的投资者就是受不了资产净值的大幅波动。

尊重个人偏好是坚持的前提，而坚持又是资产配置的前提。所以应该充分考虑个人偏好，有的人喜欢稳定、喜欢现金，那就少配置一点股票和债券；而有的人喜欢波动，就可以多配置股票。资产配置的基础在于长久地坚持，如果不能做到与个人偏好相符合，就很容易因为各种原因而中断投资。

区分核心与非核心资产

这也是一个很容易被忽略的问题，而且把核心资产与非核心资产混为一谈的后果很严重，是破产风险的根源之一。

核心资产以确定性的资产增值为目标，通过指数化投资获得市场的平均回报；而非核心资产则是为了获得超额收益，可以承担更高的风险，可以是股票或者主动基金等风险更高的资产。

核心资产以稳健为主，可以以指数基金组合为主。非核心资产以超额收益为主，充分考虑个人偏好，占比建议不超过总资产的20%，也可以形象地称之为"卫星账户"。不反对大家炒股，但是最好将炒股的资金视为非核心资产。

我强烈建议对核心资产和非核心资产进行账户层面的物理隔离，即分别用不同的投资账户打理核心资产投资与非核心资产投资，同时控制非核心资产不超过总资产的20%。

保持多元化和简单化

多元化，是指不要局限于一个大类品种，组合可以搭配股票、债券、房产等资产。不要出现满仓股票或者满仓 P2P 的情况。另外，配置一定比例的海外投资也可以更加多元化，而且海外投资也并不用海外账户，国内的 QDII（Qualified Domestic Institutional Investor，合格境内机构投资者）基金就可以实现。

简单化，我个人的理解就是简单的百分比，简单的再平衡策略。没有必要把策略设置得太复杂，很多时候，简单的策略比复杂的策略更加可靠和稳健。

投资组合的构建步骤

掌握了资产配置的原则，我们还要和实际操作相结合。以我的个人情况为例，供大家参考。

前文我们已经介绍了两个极简的投资组合，分别是前面说过的50–50策略和哈利·布朗首创并被广泛采用的永久组合。这两个组合有非常广的适用性，所有投资者都可以尝试。推荐大家把这两个组合作为自己的入门和基础策略，然后在此基础上寻找更加灵活和适合自己的投资组合。

确定投资品种

首先，我们得确定有什么可以投资。考虑到国内的情况，我在原有的四大类资产中把房产单独列出来（严格来说，房产可以划归商品一类）：

- 股票：核心资产建议以指数基金为主。
- 债券：债券基金、固定收益理财产品或P2P等。
- 商品：黄金、石油等，可以通过指数基金实现。
- 房产：此处不用赘述。
- 现金：以货币基金或者超短债为主。

构建投资组合的过程中，先确定股票类资产的比重，然后再用其他资产填补剩余部分。对应上面的"以股票类投资为主体"原则。

确定投资目标和投资期限

投资目标和投资期限是相互对应的，每个投资目标都有自己的期限。以买房、买车作为投资目标，那么投资期限就是支取本金的那一天；以退休养老为投资目标，就以退休年龄作为投资期限。我自己的主要投资目标就是财务自由。财务自由的目的是以投资收入覆盖个人开支，所以几乎不存在支取本金的那一天，投资期限可以理解为永续。

投资期限主要有两个边界值，1～2 年和 8～10 年。

- 1～2 年的投资，应以债券和货币基金为主，不建议考虑股票资产。
- 8～10 年的投资，则可以按照上限比例配置股票资产。
- 至于中间的年份，时间越长，股票类比例越高，反之越少。可以简单地用线性变化趋势表示，如图 2.11 所示。

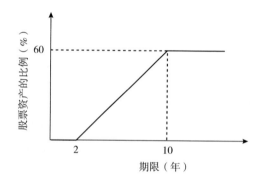

图 2.11   不同投资期限下股票资产的比例

建议上限值取 60%，是为了给后面的调节留出余地，毕竟还要考虑个人的其他条件和市场环境。

我个人的投资目标是财务自由，期限为永续，所以按照上限 60% 取基准值。

在这里使用了第一条原则，以个人实际情况为基准，整个过程并没有出现对于市场走势的判断，完全是基于个人的实际情况。

确定不同大类资产占比

通过确定投资目标和投资期限，我们确定了股票资产占比的基准值。现在，我们要通过对自身和当前市场的评估，来调整占比，确定最终值。

　　首先考虑自身的风险承受能力和非金融资产状况。如果个人的风险承受能力较强，工作收入很稳定，没有外债，则可以考虑进一步放大股票类投资的比例。也不要忘记考虑未来可能的变化，比如结婚、生育等情况。

　　我还很年轻，家庭和工作也算稳定，该有的保险和紧急备用金也准备齐全，属于风险承受能力较高的类型。所以，我进一步调高股票类投资比例至70%。

　　然后评估当前市场环境。这部分可能稍微复杂一点，建议还是读一读约翰·博格（John Bogle）的《共同基金常识》（*Common Sense on Mutual Funds*），里面有很好的总结。另外，也有一些取巧的方法，比如通过一些可靠大V的定投跟投来进行辅助判断，也可以参考一些相关App提供的估值表。

　　我个人认为当前市场（2018年年末）已经是一个比较低估的水平，可以进一步提升股票类投资的比例。我把股票类投资比例提高至80%，如果市场进一步下跌，我会最高提升比例到90%。

　　确定了股票类资产的比例以后，就可以通过其他资产来进行补充了。这里还要建议大家持有一部分（5%左右）的货币基金，方便应对一些意外情况。

　　最终我确定的比例是，股票类投资80%，债券类投资15%，现金保留5%。

　　这里的操作分别对应了"充分考虑非金融资产""以股票类投资为主体""区分核心与非核心资产"原则。

确定再平衡周期

　　根据我的回测，以半年或一年作为再平衡周期，简单有效。

　　我比较喜欢每年再平衡，因为人在国外，还要考虑税务的问题。每年再平衡在税务问题上更加灵活，更容易把盈利推迟或提前。

这里对应了"简单化"原则。

每年更新资产配置比例

随着时间的推移，投资距离到期日越来越近，市场行情也在不断变化。我们有必要每年进行一次重新计算，确定最新的百分比目标。从大趋势来看，到期日越近，股票类投资的比例理应越低。

另外还有一点需要注意，当资产目标占比发生很大变化时，建议分几次调整，比如分 3 个月，每月调整一部分。这样可以最大程度平衡市场的波动风险。

资产配置听起来"高大上"，其实操作起来并不难，无非是资产比例的调节和再平衡。与定投一样，资产配置的难点其实不在于方法和操作，而在于坚持，如何在不同的市场环境中抵制诱惑，克服贪婪和恐惧，坚持自己的策略。

所以芒格才会认为，"投资者最重要的品质是理性"，而不是智商、能力和知识等其他因素。

最后强调一下：

- 定投更适合本金较少的早期投资阶段，而资产配置更适合已有本金积累的投资阶段。
- 资产配置的核心是再平衡，不同资产的占比为第二要素。
- 资产配置更加灵活多变，可以匹配不同的投资需求。但是投资者需要考虑的因素也更多，有很多需要兼顾的原则。

定投和资产配置并不是对立的，而是相辅相成的。比如把资产配置的组合作为投资目标，通过买入下跌基金的操作实现组合的再平衡。由于有新增资金的投入，我们可以不用卖出上涨的资产，只要使用新增资金补足下跌的资产类别即可。我们也可以利用定投的思路实现投资组合的分批建仓。投资组合的一次性建仓会受到时间点的影响，而如果像定投一样分几个月逐步买入资产，就可以把这种不确定的波动风险分散化。

作为工薪族要学会躺着赚钱

工薪族最大的无奈可能是时间不能自由安排，每天工作 8 小时，甚至 996（工作时间从早上 9 点到晚上 9 点，一周工作 6 天），再减去休息和做家务等时间，一天的时间所剩无几。对工薪族来说，自己钻研完成投资的全部任务几乎是不可能的，尤其是像跟踪市场估值变化、分析行情形势等工作，更是难倒了一大批工薪族投资者。

不过好在现在我们并不需要自己搞定投资的全部任务，我们可以把投资的工作"外包"出去，自己专注于本职工作，好好赚钱、享受生活。

其实已经有很多的投资"外包"形式，比如我们前面提过的基金，主要是主动型基金，即基金经理主动择时选股赚取超额收益。现在各种社群的兴起，也带起了一种相对新颖的投资方式——基金跟投，一些比较有名气的投资大 V 会在互联网上公开自己的个人投资计划供大家参考跟投。

严格来讲，基金跟投和选择主动基金并没有本质区别，都是基金管理人通过主动操作赚取超额收益。但是跟投确实给投资带来了不少新的元素。首先，跟投非常透明，管理人的买入、卖出一目了然；其次，跟投的管理人一般都定期发布自己的投资心得，适时点评一些时事热点，这有助于投资者更好地持有基金，俗称"心理按摩"。

如何筛选主动基金和跟投策略

鉴于基金跟投和选择主动基金的诸多相似之处，我把两者放在一起介绍。

重点其实是选人

投资中最容易被忽视的一点就是"人"，投资者迷失于各种各样的专业术语和名词，最终却忘记了投资中最关键的一环其实是管理人。如果没有管理人的存在，那么主动基金和跟投与指数基金也就没有区别了，不如选择费用更加低廉的指数基金。

管理人最重要的品质就是理性、知行合一，言行前后一致、策略前后一致，不会一天一个逻辑。

其次管理人为人要正直，有过"黑历史"的要直接排除。投资离钱很近，容不得有一点儿瑕疵。

另外在选择主动基金的时候，我也会排除经历过于复杂的基金经理，比如在某个基金公司待两年又跳槽到另外一家基金公司，简单来说就是基金经理要"专一"。同时管理太多基金也是不专一的表现之一。花了好大工夫选出来的基金，刚持有没两年基金经理就跳槽了，还是挺闹心的。

考察长期历史业绩

建议考察基金成立至今完整的净值走势（5 年以上，不建议选择不足 5 年的），并重点检查：

- 在穿越牛熊市的过程中，跑赢大盘，实现正收益。
- 在下跌行情中表现稳健，下跌幅度远小于大盘。

看业绩的时间尺度非常重要，只看牛市表现的话，很容易选到那些操作风格激进冒险的基金经理，牛市出"股神"。而在熊市时，这种操作风格的风险就会暴露出来，导致基金的业绩大幅缩水。相比于寻找牛市上涨多的基金，更值得我们考虑的是熊市下跌少的基金。

巴菲特的财富从来都不是主要来自牛市的高收益，而是源自极少的亏损和回撤。

不要只看历史业绩和数据

历史业绩固然重要，但是也有很多使人迷惑的地方。如果过往几年都是牛市，那么历史业绩最高的往往是敢于冒险的一批管理人。而他们的这种投资风格在熊市到来、市场转跌以后会非常吃亏。

基金行业有一个常见规律——难有常胜将军，也被称为"冠军魔咒"。在《共同基金常识》这本书中有过一项回测，如果"无脑"选择前 5 年排名前十的基金长期持有，收益反而会大幅度跑输大盘。很多时候过往几年排名靠前的基金都有诸多运气因素，而这些因素是难以持续的。

基金的历史业绩，尤其是 3 年以下的历史业绩，会受到多种因素影响，而且影响最大的往往不是基金管理人的水平，而是运气，如果只看收益的百分比数字，很容易被误导。

考察持有人结构

对于主动基金而言，考察持有人结构同样很有帮助。持有人结构中，下面几类群体最有说服力：

- 基金经理本人。
- 基金公司内部工作人员。
- 机构投资者。

如果基金经理本人也持有自己管理的基金，对于基金而言是绝对的加分项。一方面表明了基金经理对自己能力的信心；另一方面把基金经理和投资人的利益捆绑在一起，降低"代理成本"。

基金公司内部工作人员和基金经理的接触最为密切，对于内部信息的把握和对基金经理人品的判断也相对准确。

除了内部人员，机构投资者的占比也值得考察。相比于散户投资者，机构投资者无疑更加理性、稳健，获得的信息也更加全面。但是机构投资者的比例也不宜太高，不然机构投资者的举动会对基金管理产生过大的影响，不超过一半最好。

持有人结构可以在基金的年度报告或者一些资讯网站中找到。

不申购新发行基金

原则上只买发行 5 年以上的基金，不建议买新基金。一方面，新发行基金没有历史业绩和表现来辅助判断；另一方面，基金行业一向有牛市末期拼命发行新基金的传统，而这个时期其实是市场周期中的高危时期。

不能忽视自主学习

我跟投了，还需不需要自己学习？答案是肯定的，学习能够帮我们更好地理解管理人的策略和思路，更好地长期持有。虽然跟投和主动基金在操作上非常简单，只要买入并持有即可，但是现实生活中你会发现有各种各样让你动摇的因素，比如短期跑输大盘、市场大幅下跌，甚至只是赚得不如朋友买的那只基金多。

我们的行动是基于自己的认知，如果没有底层认知作为基础，再简单的工作也难以坚持下来。

主动基金、基金跟投这些都只是工具，但是工具不能代替认知和决策。真正决定投资收益的不是投资工具，而是你自己。

在《您厉害，您赚得多》一书中看到一段很有感触的话，大意是：过去十几年，中国整个基金行业中基金的平均收益率要超过15%，基金投资者的平均收益率却是负数。赚钱的不是工具，而是人。一个不懂市场、不懂理财的人，就算拿着上好的工具，很可能依然赚不到钱，证券市场就是一个很好的例子。

不管工具再先进、再好用，一个不懂工具的人无法更好地使用它，这就是需要自主学习的原因。即使拥有一个可以获得长期正收益的投资工具，最终决定收益的还是投资者自己。如果只是一味地追涨杀跌、从众投资，很难得到好的收益，反而不如什么也不干时的收益稳健。

投资者在不同的投资环境中，心态常常会大起大落，从乐观积极持续看好，到悲观消极，甚至离开市场。心态的变化其实还是源于认知的不足，而工具类产品并不能在本质上提升认知。仅凭这一本书也并不能实质性地提升这种认知，我们依然需要不断学习，完善自己的知识体系。

工具再强大也终究只是工具，更多的是辅助我们投资，它不能越俎代庖，代替我们思考和决策。不管工具多么厉害，我们也不应该放弃自主学习。

除了投资本身，我们还应该考虑的三个因素

找到一个靠谱的主动基金或者跟投策略只是投资的第一步，最大的困难其实是如何与市场以及自身抗争，即如何拿得住。

我把需要注意的地方整合为三个要点，供大家参考：

- 正确理解管理人所执行策略的逻辑。如果没有搞懂，我们就很容易在行情不好的时候对管理人的能力产生怀疑。如

果投资亏损时必须向管理人留言咨询才能安心，这就是典型的没搞懂。

- 投资计划要容易执行。自动操作优于一键操作，一键操作优于"先计算再购买"。
- 建立合理的预期。尤其是在不赚钱和亏损时期建立合理预期，什么情况下投资会不赚钱，什么情况下会亏损，我们要心中有数。

跟随靠谱的管理人依然可能亏损

即使我们找到一位靠谱的管理人，其能力绝对可靠，我们依然有很高的概率最终投资亏损，而且这个概率要超过一半。

这里我以指数计划的管理人 ETF 拯救世界的经历为例。长赢指数计划是符合上面各种选择原则的，过往业绩同样非常优异，年化收益率近乎 20%。

长赢指数计划算是国内最早的跟投计划之一了，从十几年前开始，如今累计回报超过 10 倍。这个计划现在甚至可以影响场内交易和基金规模，影响力可见一斑。比如一个本来规模不大的指数基金，由于被这个计划覆盖，规模翻了几番；再比如这个计划执行当日，常常会导致开盘时场内交易价格溢价。

即使这个策略这么厉害，管理人本人也分享过一个无奈的事实：在跟投的整个过程中，70% 的人会受不了熊市的"折磨"，选择中途放弃，导致最终亏损收场。问题到底出在哪呢？

对于选择基金跟投的投资者来说，中途放弃基本等于亏损。道理很简单，如果一个跟投策略始终赚钱，我想投资者肯定不会放弃。投资者往往是由于亏损而怀疑跟投策略，最后放弃投资，以亏损的状态退出市场。

其实问题通常并不是因为跟投策略错误，跟投策略的逻辑大多数时候是正确的，问题主要来自大部分人对于自身和策略的认识不足。所以，基金投资通常受到管理人和投资者本身的双重影响。

很多时候投资者本身的影响甚至更大，如果投资者选择管理人时没有先深入思考自己的需求，再根据自己的需求选择适合跟投的人，就容易产生跟投策略和自己的需求（风险偏好）不符合的情况。

如果我们没有深入思考跟投策略的风格，也很容易出现最终没能坚持跟投的情况。还是以长赢指数计划为例，它的风格是典型的价值投资，在市场低估期间布局，在牛市获得高回报。10 年 10 倍的收益大多产生于少数几年（2007 年、2015 年这两个时期），那么剩余的时间再干什么？漫长的等待！

面对这样波澜不惊甚至是下跌的市场，投资者坚持跟投几个月还好，坚持几年真的不容易，更何况身边还总能看到在市场上以其他方式赚到钱的人，他们就更容易放弃了。

充分理解管理人的投资策略

对于投资而言，一直有相互矛盾的两个原则：一是，如果不能忍受市场下跌的亏损，那么我们将无缘上涨的盈利；二是，及时止损，不要让亏损不断扩大。所以，亏损的时候我们很容易陷入两难的选择——卖还是不卖？

其实，这两个原则都有一个非常重要的前提——我们对这项投资已经足够了解。如果投资策略不好，我们盲目坚持，最后肯定悲剧；但是如果投资策略好，我们过早退出又会踏空，后悔不迭。

那么我们应该如何了解管理人的投资策略呢？我建议从负面开始分析，而不要先考虑正面的预期收益，如下所示：

- 管理人使用的是什么策略？
- 什么情况下会出现亏损？
- 什么情况下会收益不佳？
- 除了跟投，我自己还应该做些什么？
- 计划投资的时间是否符合所选基金的类型？

什么情况下投资会亏损或者收益不佳？虽然很多时候我们需要具体问题具体分析，但是根本上来讲，投资亏损无外乎三个因素：

- 管理人能力不足。
- 市场整体行情不好。
- 投资策略与市场风格不符。

前两点相对好理解，关于第三点，这里我举一个具体的例子供大家参考。

资本市场常常会出现结构性的行情，一类投资表现好，其他类投资表现比较差。比如 2014 年前后的行情就是小盘股领涨，所以偏重投资小盘股的管理人业绩远好于平均水平，而偏重大盘价值策略的投资者业绩相对落后。

但是这种结构性行情不会一直持续，2017 年前后，就变成了大盘"白马股"① 领涨，业绩表现也就优于小盘股。

如果我们不能正确理解不同投资策略的特点，就容易在这种结构性行情中自我怀疑，盲目更换基金，甚至亏损离场。

---

① 白马股，指有关信息已经公开的股票，具有信息透明、业绩优良、持续增长等特点。

躺着赚钱

选择管理人要尽可能做到选择前充分怀疑，选择后充分信任，甚至必要情况下放弃主观判断。

市场常出现"七亏二平一赚"的情况，也就是说，普通投资者主观判断能够带来收益的可能性只有10%。既然选择了管理人，那就选择了100%信任。如果这个时候加入太多主观判断可能反而产生反作用。

这里所说的主观判断，既包括自己的，也包括他人的，投资者不要太在意他人的评论。

如果大家长期关注各种股票资讯平台，就会注意一个现象：当市场行情好或者被推荐的股票或者基金显著上涨时，一般都是对管理人的认可和称赞，但等到同一个投资产品下跌时，许多人都变了，开始怀疑甚至谩骂管理人。

管理人没变，投资策略也没变，变化的只是市场的波动和投资者的心态。其实越是这个时候，越应该坚持，熊市往往随着最后一批人卖出而结束。

用投资创造"睡后收入"

前文我们介绍了投资的四个步骤，按照配置顺序依次是：

- 规划紧急备用金。
- 规划必要的保险。
- 安置3~5年要用的钱（稳健投资）。
- 建立长期投资组合。

提起长期投资，许多人的第一个反应是增值。但是长期投资除了增值目标以外，还有另外一个方向——收入。大部分投资者在投资时主要考虑的都是增值，希望尽可能快地积累本金。重点关注收入的投资者可能不是很多，也有投资者误以为只要快速增值就等于获得收入，其实这两者区别还是很大的。

同样是长期投资，如果以增值为目的，追求的目标就是长时间内的收益最大化，短期波动可以忽略。比如2018年的行情，亏损10%~20%都是可以接受的，后面几年的上涨很快就会把亏损的这些钱赚回来。

但是如果以收入为目的，需要用投资收益来生活，那亏损20%就是很头疼的一件事，取出收益来支付生活所需的时候就会特别焦虑。因此，如何从投资中获得一份稳定的"睡后收入"是非常值得思考的话题。

怎么投资钱永远花不完

我们不妨考虑一下，假如我们突然有了1 000万元的本金，该怎么安排这笔钱，既能够稳定地产生被动收入，又最好永远也花不完。我们可以看看以下几个方案。

投资货币基金

现在大多数货币基金的收益率都不到3%，按收益率3%计算，投入1 000万元，每年的收益有30万元，看起来好像也不错。

但是许多人可能会有心理落差，因为手里有1 000万元，每年却只能用30万元。他们可能会想："我都这么有钱了，得对自己好点"，然后1 000万元不知不觉可能就没了。

而且这个看起来钱花不完的方案，还没考虑通货膨胀。算上每年2%~3%的通货膨胀，这些钱会越花越少。因此，这个最简单的方案并不可行，需要再找办法。

投资房产

排除了货币基金，还有一个可以考虑的投资产品——房产。假如我们全都买房呢？平时可以收租维持现金流，长期来看还可以升值，跑赢通货膨胀还是可以的。

先考虑全款买房，这么多钱在一二线城市基本可以买一两套房子。看起来也不少，但是仔细一算还是不行。现在租售比这么低，1 000万元全部投进去，一年租金也就20万元左右。虽然可能有升值潜力，但是资金毕竟都套在房子上，假如还要拿出来一套自住，自由现金流就更少了。

假如利用贷款加杠杆，买房的能力是提高了，可是带来的利息也提高了，考虑5%的房贷利率，全贷款买房的现金流竟然是负的。中了1 000万元不但没能改善生活，还得更加努力地工作还贷，这和我们预期的不太一样啊。不行，还得继续寻找。

投资指数基金

我们知道指数基金很好，也很有投资价值，长期来看一年能有超过10%的收益率，因此一年能有100万元的预期收入。

但是要注意，我们现在又增加了一个额外条件——稳定。基金并不能每年稳赚10%，实际情况可能今年亏10%，明年赚30%。指数基金涨的时候还好，卖掉一部分就够生活开支了，可是假如今年亏钱了，那我们的生活费从哪里来呢？

确实，指数基金的波动风险不小，但是指数基金的收入真的只来自上涨吗？

买房有房租，其实指数基金也是可以收"房租"的——股息（股息、分红、派息说的是一回事儿）。可能是因为股票市场本身的波动幅度太吸引人，股息这个重要的收入来源很多时候被忽略了。

指数基金的价格有涨有跌，但是股息是相对稳定的。

以沪深300指数为例，目前的股息率是2.58%，相当于不考虑市场涨跌，每年都有2.58%的现金收益打到我们的账上。作为对比，货币基金的代表余额宝的年化收益率为2.43%，买房出租的租金回报不到2%，还得你费心打理。

而且除了股息这个稳定的保底收入，指数基金还有无限的上涨可能。沪深300指数过去十几年涨了4.4倍，折算年化收益率为11%，而且这个涨幅还没考虑股息。

1 000 万元的投资方案

考虑了这么多方案，我个人打算这么安排1 000万元。

100万元首付先买一套房，解决基本生活问题，首选二线城市。假设首付30%，买入一套300万元的房子，贷款利率为5%，贷款30年，每个月需要还款的本息和是10 700元。

再拿900万元直接买入沪深300指数基金，每年股息率是2.58%，计算下来，每个月可以产生的现金流是19 350元。

这样算下来，每个月还有8 650元的自由现金流，同时解决了住房和投资问题。

如果完全看数值好像不算高，那是因为我们的投资计算得非常保守，只考虑了股息收入，没有考虑市场的上涨。如前文所说，过去十多年，沪深300指数基金的累积涨幅超过4倍。

我们完全可以拿股息这类稳定收入维持基本生活，用增值收益满足我们更大的消费欲望。如果牛市来了，我们就卖出上涨的部分，改善自己的生活。即使是像2019年一波三折的"悔棋"行情，细细一算沪深300指数上半年的涨幅也有22%了，198万元的收益，大部分小目标应该可以实现了。

投资方案的优化

其实上面的投资方案还有可优化的空间。针对股利率而言，红利指数、恒生指数都比沪深 300 指数更加客观，可以达到 4% 的水平。如果我们在资产中适度配置部分这类更高股息率的指数基金，我们的收入会更加可观。

股息——给自己发工资

你应该已经找到了上面这个思维游戏的重点——投资增值以外，我们还需要创造稳定的现金流，而对长期投资而言，实现稳定现金流的最佳途径就是基于股息的现金分红。

股票实现收益的两个方式，一是股票自身的增值，二是股息。所谓股息就是上市公司对股票所有人分配当年利润。就好比房产如果租出去，收入一部分来源于房价变化，另一部分来源于房租。股票的"房租"就是股息。

相比于股票价格的高波动，股息的收入要稳健得多：

- 稳定性堪比工资，而且不会炒你鱿鱼。
- 增长没有上限，未来 10 年大概率跑赢工资增长。
- 以现金流的形式直接到账。

当我们通过基金间接持有这些股票的时候，上市公司发放的股息就会进入基金的净值之中，最后再由基金公司分红发放到持有人手中。虽然有的基金并不分红，但是这部分资金并没有被"私吞"，而是变成了基金中的资产重新投入市场。

投资产品的涨跌不定，如果要靠投资产品的增值来维持现金流收入，很容易就会遇到麻烦，因为万一市场跌了呢？但是以股息为主要现金流收入就没有这个问题，因为股息的发放比投资产品的涨跌要稳定得多，即使在市场大跌、金融危机时期，股息依然会发放，只不过数额可能减少。要说稳定程度，我觉得股息收入完全可以媲美工资，甚至高于工资，你的投资产品不会炒你鱿鱼，但你可能要时不时担心一下失业问题。

市场大跌后股息还稳定吗

沪深300指数从2006年至2019年的走势及每年股息变化（指数点位×股息率）如图2.12所示。

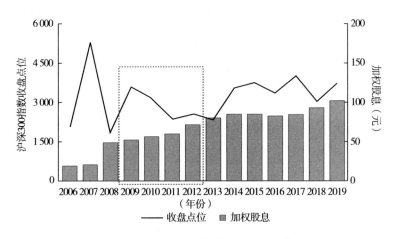

图 2.12　沪深 300 指数的走势和股息情况

资料来源：理杏仁。

从图 2.12 可以看出，相比于市场的涨跌，股息收入实在稳定太多了，每年都是稳定的现金产出，而且大多数年份都稳定增长。

即使在 2008 年这样的市场暴跌行情下，如图 2.12 中虚线框内所示股息还是实现了正增长。另外，我们也可以看一下 2010 ~ 2013 年这 4 年的数据，这段时间市场相当低迷，持续下跌。可是股息收入还在稳定增长着。

股息能跑赢工资增长吗

另外一个担忧就是，工资增长很快，我们的投资到底跟不跟得上工资增长。这个担忧看似合理，如图 2.13 所示，我们的工资增长都是几何级的。

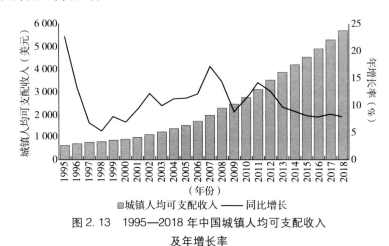

图 2.13　1995—2018 年中国城镇人均可支配收入及年增长率

资料来源：高瓴资本。

对比图 2.13 中的数据，2005—2018 年这个时间段，我们的工资增长了大概 3 倍左右（285%），然后我算了一下股息的增长情况，居然也差不多是 3 倍，刚好打平手。而如果看更多国家和地区，工资增长反而是跑不赢股息增长的。

其实不看数据也能从逻辑推理上得出这个结论。我们工资收入的来源是公司，与股息实际上是一样的。但是指数里（比如沪深 300 指数）集中的是一批经过层层选拔的上市公司，经营能力大概率高于社会平均水平，股息增长超过工资增长才是常态。

所以我又找了一下其他资本市场的数据，图 2.14 所示为 2002—2018 年日本经济平均指数走势与股息变化及工资水平。可以看出，日本平均经济指数 2002 年至 2018 年上涨近 3 倍，股息增长更多。但是工资基本停滞。

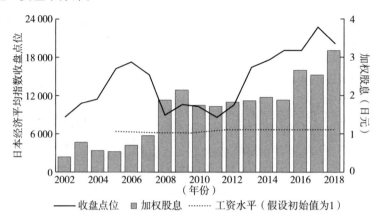

图 2.14　2002—2018 年日本经济平均指数走势与
股息变化及工资水平

资料来源：日本央行，公开市场数据。

　　同样地，我也对美国和德国的情况进行了统计，结论是，股息收入相当稳定，即使在 2008 年金融危机时期，股息依然正常发放，只是数额有所减少而已，而经济复苏后，股息就又上了一个台阶。

　　在美国和德国，股息增长也是远远跑赢工资增长的。比如德国，从 2002 年至 2019 年，工资增长了 50%，而同期股息增长达到 250%。资本赚钱有自身的天然优势。

　　早期没有本金的时候，确实必须指望工资收入，但是有一定本金以后，我们应该考虑投资理财。我个人认为，出现中年危机的原因之一就是没有投资来增加收益。

如何获得股息

　　前文给大家介绍了"股息"这个好工具，现在就具体介绍我们应该如何获得股息。

这里有一个非常值得参考的指标——股息率。

$$股息率 = 年总股息/股票价格$$

如果是指数的股息率，则是指数内所有股票股息率的加权平均值。

因此，获得股息收入只需要两步：

- 找到一个股息率比较满意的指数。
- 找到与这个指数对应的基金，然后等着分红。

选择指数相对简单，因为指数的股息率很容易查到。比如在搜索网站输入"沪深300指数股息率"，就能找到很多汇总数据，也可以在一些网站，如乌龟量化，找到免费的指数汇总表。部分指数股息率如表2.2所示。

表2.2　部分指数股息率

排名	指数名称	市盈率		市净率		股息率（%）	净资产收益率（%）
		市盈率	百分位（%）	市净率	百分位（%）		
8	红利指数	7.70	18.75	0.92	2.73	4.50	11.96
13	中证红利	8.24	24.63	1.01	7.09	4.08	12.31
41	中证银行	6.93	68.50	0.82	11.20	3.63	11.80
6	中证煤炭	9.83	16.27	1.11	14.38	3.47	11.85
21	300价值	8.73	32.69	1.01	5.81	3.47	11.63
32	国信价值	7.72	49.44	0.99	21.91	3.41	12.80
25	中证能源	14.23	38.22	1.06	1.53	3.37	7.48

资料来源：乌龟量化，2019年6月数据。

通常，大盘指数的股息率高于小盘指数，稳定行业的股息率高于高增长行业。对于股息比较看重的投资者，建议考虑中证红利指数，这个指数本身就是以股息发放作为指标建立的。

这里说明一下，如表2.2所示，虽然红利指数股息率更高，但我还是更倾向中证红利。红利指数的全称是上证红利指数，只覆盖了在上海证券交易所上市的公司，没有覆盖在深圳证券交易所上市的公司。

但是选定指数以后并不是就万事大吉了，因为指数是不能直接投资的，我们需要通过申购对应的指数基金来实现投资。基金分红的来源如图2.15所示。

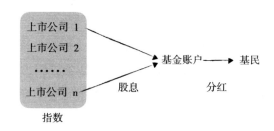

图2.15　基金分红的来源

基金收到股息以后，会自行决定要不要把收益以分红的形式发放给基金投资者。这一步基金公司自己确定，不同基金会有很大区别。所以，即使你投资了高分红的指数，也有可能拿不到分红。但是也不用太担心，即使拿不到分红，这些钱也还在你的基金账户上，没被基金公司"私吞"，只是被用于再投资了，相当于在基金App里选了"红利再投资"。

如果对分红比较看重，比如我财务自由以后就打算以分红作为主要的收入来源，就有必要检查基金的具体分红政策。

查看基金的分红政策和记录

我个人比较推荐用"天天基金网"查询基金情况。最简单的方法就是，直接检查基金的分红记录，在网站搜索一只基金，跳转的介绍页面的下半部分就能查到分红记录。

除此以外，也可以找到基金的《招募说明书》，也能找到对分红政策的说明。但是这部分大多是条款，可参考性不强。也有部分基金条款写得清清楚楚，可是就是不分红的。所以，首要参考的还是分红记录。

假如基金不分红怎么办

假如我找到一只基金，其他都挺好，但就是不分红，我们应该怎么办？放弃吗？

我的建议是，直接买。前文说过，即使基金没有分红，但股息还是按时支付到基金账户中的，只是不是以现金的形式。假如需要用钱，我们完全可以自己根据股息率计算出股息数额，然后卖出对应基金份额，自己给自己分红。唯一的缺点可能就是要承担部分赎回手续费。

相比于一只基金是否分红，更重要的考量因素应该是基金的管理费率，分红与否只是个形式，不管分红不分红，钱都在那儿。

关于国际指数基金

相比于国内指数基金，国际指数基金的逻辑要简单清楚很多。大部分指数基金都是正常分红的，通常是一个季度一次。不分红的指数基金通常会注明 Accumulation 或者字母 A，代表默认红利再投资。

除了基金官网以外，基金的股息率和派息记录都可以在网页 morningstar.com 上找到。

财务自由以后的投资安排

财务自由以后，我们的主要投资目的就变成了获得收入而不是增值。所以需要对投资组合进行一定调整，应该从增值向获得收入切换，在求稳的基础上，追求相匹配的高收益。实际的投资收益大概率会比财务自由以前追求快速增值的时期低一些。财务自由以后，我会按照如下思路调整投资组合：

- **增加紧急备用金的占比**。有可能会预留两三年的基本生活费，而不是像工作时期只留几个月。不管投资多么求稳，股票类投资都占较大比例，必然要面对偶尔的亏损。因为没有了工资作为支撑，自然就需要一个更大的"蓄水池"。
- **增加债券基金占比**。债券基金的回报虽然不及股票基金，但是胜在稳定性高，每年都有收益，不过是赚多赚少的问题。传奇基金经理人彼得·林奇（Peter Lynch）在退休以后也是大幅度增加债券基金的占比。
- **增加高分红基金占比**。股票分红同样是非常重要的收入来源，高分红基金胜在"熊市分红稳定有保障，牛市赚钱不含糊"。

总而言之，在一定限度内增加投资组合的容错性，即使在熊市市场整体下跌的情况下，依然有钱赚、有钱花。虽然整体净值可能是亏损的，但是一定要有正在赚钱的仓位。

写到这里其实还没完，可以预见实现财务自由以后的几年，我的投资目标很可能还会再从获得收入转回增值。

虽然大部分人追求财务自由的一大动力就是可以彻底放假，但是真的长期休假以后又会渴望重新回归工作，而且这个时间一般很难超过3个月。阿德勒心理学有一个相关解释，"获得贡献感"是幸福的核心之一，创造价值其实是幸福生活的必要条件。所以我很可能会重新工作，只是这一次我不再为钱工作，而是为了自我实现和创造价值。

概率思维对投资的帮助

投资中并不存在"我做了 A 就一定能得到 B"这样的关系，所有事情的发生都是一种可能性。很可能我们学了很多、做了很多，但是偏偏这段时间市场环境不好，我们还是亏损了。如果拥有概率思维，我们就会知道，这不是方法本身的错误，即使成功概率超过50%，依然可能失败。

举一个更加贴近生活的例子，比如找工作，多投简历可以提升我们找到好工作的概率，但投了很多简历依然可能找不到合适的工作，可能是运气不好，也可能是求职大环境不好，但是我们不能说多投简历这个方法是错的。

同样的道理也适用于前文介绍的两类投资方法——定投和资产配置。很可能我们做了很多，但偏偏还是亏损了，有些人就会开始抱怨这个方法是错误的。其实方法本身没问题，只是正好碰到了失败的概率。

概率思维不但能够帮助我们做好投资，还能帮我们提高成功的概率。利用概率思维可以解释很多投资甚至是生活中常见的疑问，比如：

- 基金买了几个月了，怎么还不涨？
- 为什么某人能力各方面都不如我，却过得比我好？
- 为什么我懂了很多道理却依然过不好这一生？

这些问题我听过很多次，我想你或多或少也听过类似的抱怨。难道真的是别人运气更好？我觉得不一定。这些问题其实用概率思维在 1 分钟内就能想明白。

从概率上来讲，能不能成功一方面取决于单次的成功率，另一方面则取决于尝试次数。

$$成功率 \approx 单次成功率 \times 尝试次数$$

我们经常提及的好或不好、能力强弱、技能高低，其实都是与单次成功率相关的，而尝试次数并没有得到足够的重视。

举个例子，假设 A 的能力很强，完成一个很难的任务的成功率有 20%，相比之下 B 的能力稍微弱一点儿，成功率只有 10%，但是最后 A 一定比 B 更成功吗？不一定。如果 A 只尝试一次，最终成功率就只有 20%，而 B 尝试 3 次，最终成功（至少一次）的概率约为 27%[①]，反而是 B 更高。

所以别人能力好像不行却能成功，更可能是因为别人坚持得更久，做得更多，就这么简单。

提高成功率的思路

想要做成一件事，传统的思路总是想办法提升自己的水平，提升单次成功率，想要一次把事情做成，却忽视了尝试次数这个同样关键的要素。

而概率思维的核心则在于，我们努力的方向不仅仅在于提升单次成功率，更在于增加尝试次数，进而增加成功的可能性。

我发现这个思路在减肥、健身和投资上表现得尤为明显。以减

---

① 至少成功一次的概率，等于 100% 减去三次都不成功的概率，即 $100\% - 90\%^3 = 27.1\%$

肥为例，甭管你的方法多么系统专业，如果三天减肥两天吃喝，效果也不可能赶得上用"笨方法"坚持下去。投资也是同理，一天换一个"套路"，不管多么努力，结果也很可能不如坚持简单的"傻瓜式"定投。

甭管一个方法是高级还是简单，先选能用的、能坚持下来的那个。用这个方法坚持下来了，才到了考虑方法本身的层面，否则都是空谈。

把这个思路用到投资理财上，就是多学习投资相关知识（提高单次成功率）和坚持长期投资（增加尝试次数）。

抓住"闪电劈下的那一刻"

闪电劈下来的那一刻，你一定要在场。

——沃伦·巴菲特

投资市场积累的上涨中，很大比例的涨幅来自少数几个交易日，也被比喻为"闪电"，属于不可预测的小概率事件。那怎么保证抓住这种小概率事件，苦练交易技巧、每天盯盘还是到处搜集消息？其实根本不用那么复杂，只要保证自己时刻待在场中，保持长期投资，自然不会错过。

每到市场行情低迷的时候，总有人留言说："既然现在行情不好，能不能先不投资，等行情好了再投资？"我的答案是"不行"。等所谓行情好了的时候，"闪电"早已过去，而你就只能错过，追高也不是，等回调又怕踏空。

对于普通投资者而言，在单次交易上提高成功率真的很难，但是又希望自己最终投资成功，那么就只能寄希望于另一个方向——增加尝试次数。

利用概率思维理性决策

概率思维在投资理财中很适合被用于解决关于不确定性和博弈等问题。投资中的买或卖、计划的坚持或放弃等，说到底都是在做决策。既然说了要理性决策，那我们就有必要先明白自己的认知中有哪些不理性的部分，也好针对性地修正。

生活更像玩扑克而不是下象棋

现实生活存在很大的不确定性，运气本身对决策的结果会起到重要的作用。因为不确定性的存在，在现实生活中并不存在"我做了 A 就一定能得到 B"，就好像打牌时我们不知道下一张牌会是什么。

理性的决策必须正视不确定性的存在，再好的决策也可能因为运气不佳而出现坏结果，但是这个坏结果并不能说明我们的决策是错误的！这就涉及下一个内容，结果质量与决策质量。

结果质量与决策质量

在一个 A 或 B 的选择题中，选 A 有 70% 的正确率，选 B 有 30% 的正确率。从决策质量的角度来看，显然选 A 更加明智。

但是现实的情况是，人们更多以结果为导向而不是以决策为导向。如果选 A，最后发生了小概率事件 B，这往往会被认为是一个糟糕的决策，结果被看得比决策的过程更重要。

更丰富的经验和更高的能力只能保证决策质量，却不能保证结果质量。因为不确定性的存在，一个经验丰富、能力很高的人可能得到一个负面的结果，一个经验不足、能力不高的人反而会运气爆棚获得好结果。

理性决策、理性判断，本质上就是认可决策质量重于结果质量，注重决策本身，而不是某一次的结果。

自利性偏差

"赚钱是因为我厉害，赔钱都是大 V 的错"就是自利性偏差一个生动的解释。人都需要创造自我认同，许多人倾向于把自己的成就归功于能力，而把失败总结为运气不好，不愿承认自己能力不足。

自利性偏差虽然很少直接影响一次决策的质量，但是会妨碍我们从结果中学习，减缓决策质量的提升。

非黑即白的决策思维

投资中经常遇见类似"买不买？买哪个？"的问题，但是很少遇见"买多少？怎么买？"的问题。

事实上，很多问题的答案不在买卖中，而是在仓位中，即多少。大多数时候我们纠结的不应该是买不买、卖不卖，而应该是仓位的多少，即买多少、卖多少。

投资决策前的检查

我们在实际生活中应该如何理性地处理自己的投资，做出理性决策？上面提到的方法虽然本身并没有提供一个直接的投资策略，但是我们可以把这些信息整理成一个检查清单，应用于我们的投资体系之内：

- 做好出现最坏结果的心理准备没有？

由于不确定性的存在，我们不能保证所做决策有 100% 的成功率，如果失败了会发生什么，结果我们是否可以承受？这些问题应该在做决策之前想清楚，而那些加杠杆爆仓的投资者，显然就是缺了这一步。

- 决策是基于结果质量还是决策质量？

根据历史收益选基金、买彩票就是典型的看重结果质量。而决策质量则是注重提升每个决策本身的成功率，而不是根据已经确定

103

的结果来评价决策的好坏。

但是这个过程对于散户投资者来说可能并不容易，因为判断成功率的能力需要很长时间的学习来培养。但是我们可以从另一个角度——时间——出发，选择那些经过时间检验的策略或管理人。经过时间检验的策略或管理人，更值得信任，成功率更高。

基于上面几点，我总结了几个利用概率思维做投资决策的关键点：

- 检查决策的成功率，而不是只看结果。
- 检查自己是否做好了替补方案。
- 根据成功率重新考虑仓位问题。

以下是 2019 年 2 月 28 日我所做的投资决策前的检查，供大家参考。

检查决策胜率：在这个位置，依然有很大的上涨空间，指数依然在一个偏低估的位置。沪深 300 指数股息率接近货币基金收益率就是一个佐证。我们才从底部上来了不到20%，现在谈跑是不是太早了？

检查替补方案：如果最后结果不如我所料，跌回去了，也不见得就是坏事。至少我还有30%的现金可以用来加仓，工作收入的现金流目前也够稳定。市场在低估的位置待得越久，给我加仓的时间也就越多。

仓位问题：市场从底部涨上来到现在，我没有卖一分钱，保持在70%左右的仓位（以总资产为基数）。为的就是涨跌都有机会，跌回去就默默继续加仓，涨上去了仓位也够足，完全不心慌。

几款常用的基金 App 推荐

"这么多基金购买途径和 App，到底应该选哪个？"也是一个常见的问题。作为一个电子产品的中重度用户，我经常试用各种 App 作为日常娱乐。基金代销平台，从最初的网银、淘宝，到后来的互金平台，我试用过十几个。

但是随着账户数量变多，账户和资金的管理成了一个很大的问题。于是我进行了一次大范围销户，只保留了四款常用的基金 App——蚂蚁财富、且慢、天天基金和蛋卷基金，这四个 App 在前面的定投方法中也偶有提及。

这四个基金平台几乎可以涵盖个人投资所需的全部需求，它们的基础功能一致，但附加功能各有特色。基础功能主要是指买卖基金和收取相关费用。在基金品种和费用的问题上，各平台间几乎没有区别。它们都涵盖了几乎所有场外基金品种，费用也都是一折起，至少目前我还没遇到某个平台基金缺失或者费用过高的情况。

但是我想对于大多数投资者而言，总是希望用同样的资金实现更高的收益。仅仅基础的买卖功能并不能很好满足需求，一些能够提升收益的附加功能就变得很重要了。而这次我就着重对比各个 App 的附加功能。

支付宝—财富

支付宝的"财富"页面内提供了较完整的基金投资功能。只要打开支付宝，就可以开始投资基金了。推荐理由：

- 简单方便：支付宝是人们最常用的支付平台之一，同时用来投资基金简单方便。

- 慧定投：采用均线回归定投策略，该策略操作简单，适用性好，对现金流要求中等。
- 赚积分：蚂蚁财富的投资可以累积蚂蚁会员积分。

慧定投

为了提高基金定投的收益，在蚂蚁财富的定投可以选择开启基于均线回归策略的"慧定投"，值得考虑。开启慧定投以后，投资收益率每年能够增加 1% 左右，虽然不高，但是胜在操作简单。

且慢

且慢的特色是，它的交易主体不是基金，而是策略，帮助用户做选择。且慢的首页上不是各种基金推荐，而是策略。推荐理由：

- 货币三佳：提供的货币基金组合，可以帮投资者获得超额收益。
- 策略跟投：全方位跟踪分析，投资者可以一键跟投。
- 分账户功能：帮助投资者高效管理资金。

货币三佳

货币三佳是一个货币基金策略，它精选了市面上收益表现最好的 3 家货币基金，收益能够稳定地跑赢绝大多数货币基金。与余额宝相比，收益率通常高 0.5% ~ 0.7%。

策略跟投

再说且慢的策略，策略即跟投，本质上就是 FOF（基金中基金），只是形式上不同。优点是持仓和费用更加透明；缺点是有些策略需要手动跟投，而且容易因为心态不稳中断。

　　且慢首页上精选的策略不超过 10 个，而且很稳定，不会出现"今天推荐，下个月下架"的情况。且慢的功能开发也是围绕策略展开的，对不同的策略会根据其风格和特点开发独立的功能，比如补仓提醒、收益跟踪、仓位统计等。另外，且慢保持了开放的态度，在其他平台或者场内购买的基金，也可以在策略中标记，方便收到补仓提醒。

分账户功能

　　且慢是目前唯一一家支持分账户功能的 App。为了方便打理投资，我一般会把不同用途的资金尽量分别管理，能做到物理隔离最好，而分账户功能就是最大的助力。而且有了分账户功能，管理效率非常高，再也不用在不同的 App 之间费劲地切换了。

天天基金

　　相比于新兴的基金平台，天天基金虽然没有提供很多新鲜的附加功能，但是就基金交易而言，基础功能最扎实，很多重要但受关注不多的信息只能在天天基金和基金定期报告中找到。这里指的主要是天天基金的网站。推荐理由：

- 基金信息全面。
- LOF（上市型开放式基金）套利：支持场外场内转托管。

基金信息全面

　　虽然我不常在天天基金交易，但是在每只基金交易前我都会在天天基金查询相关信息。天天基金以传统网站为主要载体，同时配合 App 方便交易，在信息容量上有先天优势。相比之下，现在的基金平台大多以 App 为载体，虽然购买方便，但是查询和分析时相对不便。

每当发现一只新基金后，我做的第一件事就是在天天基金网站看一下基金的基本数据，如持有人结构、指数基金跟踪误差、与特定指数的业绩对比等。这些数据在其他基金 App 中很难找到。

LOF 套利

转托管，是指把在一家互联网基金平台购买的基金转移到场内交易，这是 LOF 套利的基础。由于流动性的原因，场内 LOF 的交易价格常常出现折价或者溢价。这个时候就可以通过转托管实现 LOF 套利。在便宜的地方买入，再转到贵的地方卖出套利，或者转到场内方便以后快速赎回交易。

转托管本应是基金代销平台的基础功能，但是许多平台并不支持，而天天基金对于转托管操作是支持的。

不过需要说明，这个方法并不能保证稳赚不赔。因为转托管需要时间，一般要 T + 2，而场外买入基金还需要 T + 1，经过 3 天的时间，可能溢价早已消失。但是套利至少提供了一种可能性。

蛋卷基金

蛋卷基金是投资社区雪球旗下的产品。由于雪球的影响，蛋卷基金更多体现了一类有经验投资者的思维方式，提供了很多进阶轮动和配置类策略。推荐理由：

- 智能定投：采用有限价值平均策略。
- 指数增强一箩筐：快速解决选择困难问题。

智能定投

作为定投策略的增强，蛋卷基金支持有限价值平均策略的自动定投。需要提醒，该策略更适合定投的早期，不适合十几年的长期投资，因为后期对现金流要求较高。而且由于策略本身的原因，长期收益反而不及普通定投。

指数增强一箩筐

另外一个不得不提策略就是指数增强一箩筐策略。自从提及沪深 300 指数定投以后，经常收到留言问："选哪只指数基金?"现在简单的答案来了，如果你面对各种指数增强基金眼花缭乱，不知道买哪只，可以关注这个策略，快速解决选择困难问题。除了沪深 300 增强一箩筐，还有中证 500 增强一箩筐可以选择。

如何选择平台

就基础的基金交易功能来看，各平台几乎没有区别，所以还是要看哪个平台的特色功能更适合自己。

这四个平台我是按照策略的风格来选择的，供大家参考。

- 蚂蚁财富：底仓的长期投资基金，按照 10 年以上持有，既赚收益又赚积分。
- 且慢：货币三佳放流动资金，做一些跟投操作，或者使用分账户功能。
- 天天基金：主要用作信息查询平台，根据情况考虑 LOF 套利。
- 蛋卷基金：帮助快速做选择，另外进阶用户可以根据不同的市场周期选择合适的策略。

根据我自己的经验，大多数情况下两三个基金账户可以涵盖个人的各种境内投资需求了。如果账户太多太分散，反而会费时费力，得不偿失。

普通投资者到底适不适合炒股

从理性投资的角度来说，工薪族是不适合自己炒股的，不管是从能力、精力还是时间方面。股市"七亏二平一赚"的经验公式就是从散户中来的，最终能从炒股中赚到钱的投资者连10%都不到。但是炒股真的完全没有意义了吗？其实也不是，炒股能够带来一定的自我满足。

追求掌控感是人的基本心理需求，而这份掌控感在投资上很容易变成频繁操作和买卖。但是我们前面所说的定投、资产配置、跟投都需要长周期，很难满足许多投资者的心理需求。

所以在满足一定条件下设置一个股票账户，平时进行一些主动操作，增加掌控感，有利于长期坚持基金投资。我们可以将这个股票账户理解为投资的"卫星账户"，而前文所说的基金投资则是我们的"核心账户"。

根据我的经验，这类"卫星账户"对投资主要有两个好处：

- 有了"卫星账户"来满足我们的掌控感，就不会到"核心账户"里面频繁操作，反而有可能保住长期收益。
- 很多投资者最后发现自己每天花时间、精力进行的主动操作到头来收益远不及核心账户里的投资收益，久而久之，对于主动操作的兴趣也就淡化了。

对于这类卫星账户，我有两个建议：

- 严格限制仓位，"卫星账户"资产占总资产的比重控制在 10% 以内。
- 账户隔离，开一个账户专门炒股，一是为安全，二是方便分析，来看自己的主动操作到底有没有跑赢基金定投。

投资本身是一件反人性的工作，但是做好投资不是要和人性抗争，而是要理解人性，给人性找个"出口"。

小结

普通投资者只要找对方法，也是可以非常系统、可重复地从市场赚取收益的。在这一章中我们了解了普通投资者最常用的两类投资工具——基金和固定收益理财产品，以及四类核心资产——股票、债券、抗通货膨胀资产和现金。

我们也了解了这些工具和资产的操作方法——定投、资产配置和跟投，这些都是简单有效而且经过长时间检验的投资策略。普通投资者实现 10% 的年化收益率并不难。

说完投资，实现了开源，相信你已经对本金和储蓄有了新的认识。本金越多投资回报就越多，尝到了投资的甜头，你有没有觉得对储蓄没有以前那么排斥了？对于懂投资的人来说，省钱其实就是赚钱，储蓄越多本金越多，本金越多收益越多，这个循环会推动我们不断向前。

下一章，我们来系统地介绍如何高效储蓄，让我们同时实现储蓄和享受生活。

第三章

如何实现理性消费、高效储蓄

在正式开始这一章以前，我们先回顾一下我们的财务自由目标：为什么要变有钱？

理性的财务自由目标应该是希望用财富解决自己的某些现实问题，比如为赚钱而陪家人的时间太少，为赚取基本生活费用没有时间精力做自己热爱但不一定能赚钱的事业。追求财务自由不应该仅仅为了满足自己的物欲，而且如果以满足物欲建立的目标往往是不可能完美达成的，因为现实问题可以被解决，但是欲望是无止境的。

过于强调满足欲望就会沉迷于一夜暴富的幻想中难以自拔，但是一夜暴富只属于少数幸运儿，与我们大多数人无缘。而且如果没有经过一个财富的积累过程，能够守住这样突如其来财富的人更是极少数的。

稳扎稳打地积累财富，才会使财富增长可持续，在这个过程中我们也会逐渐认识到财富的意义。只要我们积累下足够的本金，再通过合理的投资实现一个相对平均的收益率，就可以获得可观的被动收入，实现财务自由并不难。

现在我们来解决的第二个问题，可能也是最大的问题：钱在哪？我认为创造本金难于创造收益，对于大部分人来说，在当前的市场环境下获得一个可观的收益水平并不难，我们在上一章已经给出了很多具体的操作方法，但是存不下钱是一个"老大难"问题。

我认为，储蓄率是影响财务自由进度的重要指标。图 3.1 表示不同储蓄率和投资收益率下被动收入超过工资收入所需的时间。储蓄率对于实现财务自由所需时间的影响是指数级的，储蓄率的影响在 0%～50% 的这个阶段最为明显。

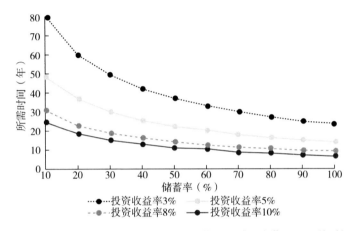

图 3.1　不同储蓄率和投资收益率下被动收入超过工资收入所需的时间

相比于收益率而言，大幅提高储蓄率要容易得多。我们可以很容易地实现储蓄率从 10% 提高到 20%，但是投资收益率从 10% 提升到 20% 难如登天。

对于工薪族来说，积累本金最有效的方法就是——努力赚钱，坚持存钱。不过提到储蓄，可能很多人会抵触，因为储蓄常常被和省吃俭用、降低生活质量联系在一起。但实际上更少的消费、更多的储蓄不意味着要降低生活质量，因为我们还可以选择提升效率，让更少的消费创造更多的价值。

在这一章我会介绍两个好用的工具——预算和愿望清单，使享受生活、高效储蓄两不误。

我们追求的，不是以"不买"为代价的省钱，我也不会强行灌输"断舍离"的观念给你，而是帮你在买到真正所爱之物的同时省下钱。在不降低生活质量和幸福感的前提下，实现理性消费，打破"没钱可理"的魔咒。

享受生活、高效储蓄两不误

为什么储蓄这么难？

我们常常先入为主地认为，储蓄 = 少花钱 = 省吃俭用 = 降低生活质量，很多人不想要这样的生活，所以选择了享受生活、放弃储蓄。

但是实际上，储蓄 ≠ 降低生活质量，我们可以试着思考这个问题：用更少的时间一定只能完成更少的任务吗？不一定吧。任务管理存在的意义不就是让人们用同样甚至更少的时间完成更多的任务吗？所以，一切答案的关键在于提升效率。储蓄这件事并不是省吃俭用、少花钱这么简单，我们需要的是一个完整的体系来帮助我们提升效率，更好地实现理性消费、高效储蓄。

时间管理思维让储蓄更容易、更高效

如同工作上有效率的差别，消费也同样存在效率的差别。花 1 000 元买许多卫生纸备用还是买一个期待已久的商品，在消费体验上有巨大的区别，虽然我们消费的金额是一样的。如果我们仔细想想，就会发现理财和时间管理有很多相似之处，时间管理思维在理财上同样适用。我们可以对两者进行简单的对比，如表 3.1 所示。

表 3.1　理财与时间管理的对比

	时间管理	理财
共同点	消耗资源，完成任务	
资源	时间、精力	金钱、时间
任务	完成待办事项	购物消费
收获	成就感、职业发展	幸福感、本金

实际上每一笔消费，就是一个待办事项，我们追求的都是把有限资源的效益最大化。具体到理财方面，则是用有限的金钱创造最大的生活幸福感，把有限的金钱发挥出最大的作用，在维持甚至提升当前生活水平的前提下，减少消费开支，为投资积累本金。

我们提升的是什么效率

在提升消费效率之前，我们需要想清楚一个问题：我们到底在提升什么效率？表面上看，我们追求的是消费，但是本质上，我们追求的是消费带来的幸福感和满足感。

你们一定都有过这样的经历，买到某个特别喜欢的东西，即便用了几个月之后，依然有很高的幸福感。因此，我们要提升的重点就是"消费→幸福感"的效率，简而言之，就是追求单位消费的最大产出。产出效率提高了，如果生活质量不变，消费自然就降下来了。为了提升整体效率，无外乎两个方式：砍掉无效消费，增加高效消费。

很多时候，并不是我们的高效消费太少，而是无效消费太多。我们毫无节制地"剁手"，等面对真正重要的东西时，却囊中羞涩。

所以第一步：砍掉无效消费，效率自然就上来了。但是问题是：怎么砍？我找到了两个有效的方法：

- 进行一次彻底的收纳整理。
- 规划预算和建立愿望清单。

我们每个人都或多或少买过一些自己用不上的东西，有些东西甚至到手很久都没有拆封过。但是这些东西到底有多少，大部分人并不是很清楚。一次彻底的收纳整理可以把这些无效消费具象化，让我们清楚地看到自己到底都买了多少没用的东西。这是开始砍掉无效消费的第一步。

第二步则是规划预算和建立愿望清单，把每个想要购买的东西都加入愿望清单，每次消费前先把愿望清单通读一遍。相互比较可以极大地提升判断力，当你准备买一件无关紧要的东西时，看到了清单中自己某个期待已久的东西时，你有何感想？这个时候，停止"剁手"会变得更容易。消费的过程有时是不知不觉的，但是愿望清单会把这个过程呈现在你的眼前。规划预算和建立愿望清单会在后面详细展开。

将收纳整理作为储蓄的开端

收纳整理之所以有意义是因为我们家里大概率都堆着很多并不再需要的东西，而收纳整理释放出了这些空间。但是这些东西是哪里来的呢？还不都是我们自己购买的吗？

我之前常常写道"少买或者不买不需要的东西"，但是这个定义并不明确，我们其实很难确定自己真正需要什么、不需要什么。

但是在收纳整理的过程中，我们就会发现原来自己有这么多不需要的东西。相比于直接谈消费，从收纳整理物品开始会更加直观，可以把需要与不需要具象化。在收纳整理的过程中，"不需要的物品"的定义变得越来越清晰，效果也越来越明显。

　　而且收纳整理随时都可以开始，门槛很低。反正我们平时也要进行收纳整理，何不多走一步、多做一些，为理财做好准备。

　　从这个角度来看，把收纳整理作为理财的开端是一个很实用的方法。相比于各种省钱技巧和方法，收纳整理可以从源头解决问题，很大程度上降低过度消费。

　　我推荐一本书和一部真人秀给大家，近藤麻理惠的《怦然心动的人生整理魔法》① 和奈飞（Netflix）的真人秀 *Tidying Up*，对于学习整理很有帮助。《怦然心动的人生整理魔法》这本书提供了一个完整的、可操作的整理方法，相当有指导意义。而 *Tidying Up* 可以理解为这本书的真人实践版，近藤麻理惠亲自到各个家庭进行指导。

列一张无效消费清单

　　可以考虑列一张无效消费清单，写上买了什么、花了多少钱、用了几次，然后把这张清单贴在墙上。我自己回头想想，最近的一次无效消费是几年前花了 2 300 元买了一个几乎没用过的眼镜框。这个眼镜框我一直留在抽屉里，以示警醒。

我的亲身经历

　　我自己也是开始消费大手大脚，后来一步步控制消费，再到现在实现 50%～60% 的储蓄率，整个过程其实没有感觉生活质量和幸福感的下降，反而觉得轻松、舒适。再也没有无效消费带来的负罪感，不会买了自己不喜欢的东西却得逼着自己用完，不然就会觉得惭愧。削减这些无效消费实际上会提升生活质量和幸福感。我们可以享受那种被真心喜欢的东西所围绕的感觉。减少无效消费，我们就能够余下更多的资金用于储蓄或者买入自己真正喜欢的东西。

---

① 近藤麻理惠.怦然心动的人生整理魔法［M］.徐明中，译.长沙：湖南文艺出版社.2018.

规划预算，从月光族到储蓄率超过 60%

我身边的朋友常常用"自律"来评价我，尤其是在消费和理财方面。但是实际上我并不是一开始就能做好这些，我也是从消费大手大脚一点点转变过来的。大学时期住宿舍、吃食堂，当时的开销居然比如今在欧洲工作生活还要高。

在实现理性消费这个问题上，对我帮助最大的就是规划预算和建立愿望清单了。

在前文中我们对实现财务自由的计划做了一次完整的拆解，对于工薪族而言，财务自由的进程受两大因素影响——本金和收益率，而影响本金积累的一个重要因素就是预算了。

如果要把实现财务自由所需的技能进行排序，我认为规划预算少说也应该是前三的位置。

在这一节中，我会介绍预算的基本原则、完整的预算规划，以及大家普遍关心的预算超支的应对方法，并配合具体的 App 操作来示范。希望能够解答大家关于预算的疑惑。

预算不是牢笼，而是时钟

很多人排斥规划预算，觉得制订了预算会束手束脚，还时常会超支。但是我认为预算不是一个牢笼，而是一个时钟，它会告诉我们当前时间和剩余时间，帮我们判断自己离目标还有多远，量化整个消费过程。

假如要参加一场非常重要的考试，到了考场你却发现自己没戴手表，现场也没有钟表，监考老师也不告诉你时间进度，你当时会是什么心情？正当你心急如焚的时候，后桌一位同学递给你一块手表，你是什么心情？体会这种心情，这才是对预算应有的感觉。

真正让你束手束脚的不是预算，而是生活本身。 现实与目标的差距即使没有预算，依然存在。但是就如同前面的举例，甭管考试多么困难，你都希望自己随身携带一块表。因为有了准确的时间，你才有可能在这场困难重重的考试中获得自由的空间。

有限的预算会促使我们优先考虑最需要、最重要的东西，而不是满足即时快感。当资源有限的时候，我们才会认真考虑到底什么是必需的。因为预算有限，我们会更多地考虑已有物品的更多用途，让每笔消费产生的幸福感更持久。

规划预算的原则与好预算的标准

确定预算的目标并不难，预算目标＝收入－储蓄目标。但是在具体规划预算和执行预算计划的过程中还有不少值得注意的细节，这一节我就来详细介绍。

规划预算并不是我们天生就会的技能，也不是拍脑袋想出来的。在规划预算时我也失败过多次，而下面这几条原则和标准都是我从失败中总结出来的。

- 全覆盖。我们的每一笔开销都应该被放到预算中，如果有预算监控不到的位置，基本等于没有预算。
- 无重叠。出于不同的目的，我们可能会设置不同的预算分类，比如餐饮预算、消费预算，不同分类之间尽量没有重叠部分，以便提高统计效率和确保参考价值。如果我有三个预算，但是两个预算有重叠项目，预算的很多参考指标就失去了意义，我会在后文详细介绍。

好预算的标准：

- 目标导向。预算是为理财乃至生活目标服务的，不要把目光局限于预算本身。就这本书的内容来说，预算是为了帮我们实现高效储蓄。
- 考虑意外。预算超支和出现意外大笔开支都是正常现象，我们需要一个完整的体系帮我们处理这类问题。如果一个预算总是能够被完美执行，这个预算很可能就有问题。
- 长线思维。每月预算的本质是年度开支/12，甚至是 5 年开支/60，而不是简单的每月开支。因为很多开支是按年重复的，比如保险费、学费、旅行费，若只看每月开支，我们很容易受到局限。

这里我要强调一下"全覆盖"这个原则。如果我们只说"预算"两个字，很多人想到的是每个月的日常开支，如这个月吃饭花了多少钱、坐车花了多少钱等。而当我们把过多的注意力集中在日常开支时，就非常容易忽视那些没有每月重复的开支，比如旅行费用、保险费用、培训费用、送礼费用等，而这些开支往往要在我们每年总开支中占一半的比例。根据我的不完全观察，规划预算时没有考虑这些大笔非规律开支，是最后预算失败的最大原因。

为了解决这个问题，我建议大家以年度规划预算，即年度预算。年度预算包括我们的一年中的每一笔开销，即使是意外开支。以年度规划预算，把每一笔开支都规划到年度预算中，是会预算与不会预算的分水岭。

说到预算不能不提记账，记账和预算一般是放在一起考虑的。如果没有预算，账本中的数字最多只能发挥三成功力。"我记账了依然每个月该花多少还是多少"，主要原因就是缺少预算。但是没有记账作为数据基础，预算就是空中楼阁，拍脑袋想出来的数字都是不可靠的。没有记账习惯的人，估算开支的时候，常常会习惯性地忽视很多重要的细节，比如：

- 单笔很小、总量很大的琐碎开支。
- 手机、电脑、家电等大件商品的开支。
- 旅游、娱乐、聚会等不定期的开支。
- 意外导致的开支。

想要规划预算，要先开始记账，并记住"全覆盖"原则。良好的预算需要以至少一年的账目作为基础。当然，过去没有记账习惯的朋友，也不是不能做预算。可以同步开始记账和做预算，在实践中不断调整，这也是一个非常好的学习过程。

如何设置预算的分类

我个人认为预算没有必要过细，不用设置购物预算、交通预算、餐饮预算等太多分类，如果这项超支，那项又没用完，到头来又是一大堆问题。

我们回到目标导向的原则上，预算的目的是什么？为的是控制开支，实现高效储蓄。所以，如果是个人记账，分三类基本足够——餐饮日常、居家日常和购物消费。同时要注意之前的两个原则——全覆盖、无重叠。

- 餐饮日常，对应食品、日常用品等开支，我把能在超市里直接买到的东西归到这一类。

- 居家日常，对应房租、水电费和其他生活必需开支，也包括保险、办事费用等。
- 购物消费，对应购物开支，如果你不知道一笔开支应该记在哪里，也可以放在购物消费中。

这三类消费各自都有很明确的特点，对比如图 3.2 所示。

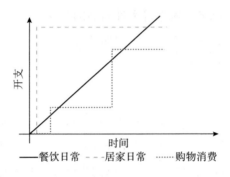

图 3.2 　三类预算特征对比

餐饮日常的开支与时间是线性关系，在理想情况下每月预算的使用情况和时间进度是同步的。

居家日常的每个月开支相对稳定，而且大部分费用是在月初或月末支付的。居家日常开支的压缩相对较难，但是一旦压缩了常常会带来飞跃性的成果。不过我个人并不建议大家为了省钱换车、换房子，毕竟我们的生活不是只有理财，更重要的是做好平衡。

购物消费开支则常常是跳跃性的，尤其是当购物单价比较高的时候。建议控制消费进度不要超过时间进度，大件商品开支、意外开支除外，具体的处理方法会在后文介绍。

相比于设置预算的分类，设置每项预算的具体额度要困难得多。每个人的情况都不一样，这里我也只能重复前文的介绍——规划预算最好有超过一年记账记录的支持，且以年度规划预算，而月度预算＝年度预算/12。

除了这种分类方法以外，也有基于必需开支和非必需开支等其他的分类方法，如日本 Kakebo（簿记）预算方法所建议的：

- 必需开支，如房租、水电费。
- 可选开支，如外出就餐的费用。
- 娱乐休闲，如买书、看电影的费用。
- 其他消费，除了上面以外的其他所有。

关于预算的分类，我们可以根据自己的需求进行选择和调整。家庭预算与个人预算稍有区别，我建议可以这样划分：

- 共同餐饮日常。
- 共同居家日常。
- 男方开支（购物消费）。
- 女方开支（购物消费）。

两个人一起花的钱，要么归入餐饮日常，要么归入居家日常。大件消费可以摊销，计入居家日常中，摊销原则后面会细说。

而单独一方花的钱，不论具体的开支分类，都直接计入自己一方的独立预算中，意外消费也是一样的原则。

可能有人会对这样的划分表示反对，觉得夫妻之间账目算得太清楚影响家庭和睦。我的看法正相反，真正影响和睦的不是账本上的数据，而是猜忌，是夫妻互相觉得对方花得多，自己花得少，然后陷入了无休止的争吵。

125

有了明确清楚的统计数字以后，夫妻可以一起看看账本上的数据，有问题解决问题。因此我再次强调，真正让你束手束脚的不是预算，而是生活本身。别让预算为你的焦虑"背锅"。

用记账软件跟踪预算

规划和跟踪预算离不开记账软件的支持，市面上的记账 App 并不少，但是大部分 App 的预算功能太过简单，满足不了预算的要求。

为了实现上面所说的几项原则和标准，记账软件应该满足下面几项要求：

- 拥有灵活自由的自定义预算。
- 预算余额自动结转到下一期。
- 在预算之间自由转移额度。
- 拥有强大的预算报表分析功能。

自定义预算：预算分类、开支分类、账户分类，这几个概念很容易混淆。开支分类是指衣食住行等开支的划分，账户分类则是和我们的真实账户一一对应，而预算分类则是完全另一套思路，比如可以按照家庭成员划分、按照时间划分等。

余额结转：我强调过，月度预算＝年度预算/12。我们的开支不可能是月月平均，必然是有超支、有结余的，所以需要能把上一期的超支或者结余自动结算到下一期。

额度转移：我们规划预算的最终目的是控制整体开支。当一项预算有结余、另一项有超支的时候，可以通过预算转移功能灵活调配，而无须重新规划。

我常用的记账软件是 MoneyWiz，它的预算功能基本满足我的需求。所以下文将以 MoneyWiz 为例来介绍我是如何规划预算的。

MoneyWiz 预算系统

介绍了规划预算的原则和标准，让我们来看看如何用 MoneyWiz 进行实践。首先，我们需要了解一下 MoneyWiz 预算系统的基本原理。

在 MoneyWiz 中，预算系统本质上是一个高级的账目过滤系统。按照预定条件设置好预算后，就会自动过滤符合条件的账目，并进行跟踪统计。

以下用图 3.3 来说明 MoneyWiz 预算系统的基本原理及其和消费账目之间的关系。

图 3.3　MoneyWiz 预算系统

127

图 3.3 左侧是一条消费账目的明细，显示我在"超市"用"银行卡"购买食材分类为"食品杂货"，花费 76 元，因为是家庭开支，所以标签填写的是"家庭"。这四个维度非常重要。

图 3.3 右侧则是我设置"共同餐饮日常"预算，按照如下方式设置过滤规则。只有符合全部过滤条件的开支才会被共同餐饮日常预算所记录。

- "账户"就是这个预算系统所监控的账户，除此之外的账户的消费则不会被预算系统统计。
- "分类"设置为食品杂货等共 3 项，监控共同餐饮日常开支。其他开支分类如房租、水电费、购物消费等就不会被预算系统统计。
- "标签"：设置为家庭，则只有这个标签下的开支才会被预算系统记录。如果是自己的开支，打上其他标签就不会被统计了。

图 3.3 中的这笔消费因为满足了预算系统的全部过滤条件，所以会被预算所统计。预算系统会从剩余预算额度中自动扣除这笔开支，如图 3.4 所示。

MoneyWiz 中高度自定义的预算过滤功能构成了整个预算系统的基础。这一节可以帮你快速评估自己的记账功底。如果你还能清楚地分辨出账户、预算、分类、标签的区别，那你的记账功底就算是基本过关了。

预算系统的其他功能选项

预算系统除了过滤功能以外，还有一些其他功能选项，如图 3.5 所示，稍微解释一下以便大家理解。

图 3.4　预算系统对相关开支自动监控

开始日期	2019年11月17日 >
重复	⬤
频率	**1**　　　　月
结转	⬤
结转余额	0.00元 >

图 3.5　预算系统的扩展功能选项

　　关于时间和频率的设置比较简单，着重解释结转和结转余额。结转可以把上一期的预算余额自动结算到下一期，这个功能非常重要，一定要开启，这涉及前面所说的规划预算的"全覆盖"原则。

129

开启结转以后，会给预算调整带来一定的难度。如果我想要调高一点儿预算额度，前面每个月的预算都会被相应调高，并通过结转功能累计过来，这会导致很多问题。如果我删除旧预算，重新设置预算，这样一来预算历史就被打断了。所以我们可以考虑重新设置结转余额，把旧预算的超支和结余考虑进来。

不同预算分类如何设置

在前文中，我建议家庭预算分为共同餐饮日常、共同居家日常、男方开支和女方开支。现在我们来看看这个分类应该如何在MoneyWiz 中通过自定义预算过滤规则实现。我们可以用标签做第一次过滤，再用开支分类做第二次过滤，如表 3.2 所示。

表 3.2 家庭预算分类的标签和过滤规则

预算	标签	开支分类
共同餐饮日常	家庭	餐饮等
共同居家日常	家庭	除餐饮全部
男方开支	男	全部
女方开支	女	全部

因为"全覆盖、无重叠"两个原则，我们需要在设置预算过滤规则的时候考虑全部的可能开支。

先考虑"全覆盖"原则，看分类的话，共同餐饮日常和共同居家日常对家庭标签下的全部开支分类实现了监控。至于男方开支和女方开支，本就是全部分类，也没有问题。

再考虑"无重叠"原则，不同类型的开支通过标签和开支分类实现了清晰的划分，正常情况下不会出现一笔交易被计入两次预算的情况。

但是这里有一点要注意，每条开支必须有且只有 3 个标签中的一个，多了少了都会出问题。少了，这笔开支不会被预算监控；多了，就会被计算多次。刚开始使用可能需要适应一段时间。

如果只是个人预算，只记录自己的开支状况，则大可不用标签过滤，只区分餐饮日常、居家日常和购物消费三类即可。

如何处理预算超支

首先强调一下，预算偶尔超支是完全正常的，不可避免。前文提到好预算的三条标准的后两条——"考虑意外"和"长线思维"，就是为了处理超支而准备的。

大件商品开支、意外开支、消费周期都可能导致我们的预算超支。从处理方法上来看，主要有三个应对策略：预算转移，提前准备，事后摊销。

预算转移：我们前面把预算分成了几类，如果超支的只是其中的部分预算而且金额不大，我们可以把尚有结余的预算额度转给超支的预算，实现整体的平衡。

提前准备：很多消费周期是可以预知的，比如"双十一"。我们完全可以提前 3 个月降低预算水平，给"双十一"留出足够的预算空间。假如平时买东西每个月花 2 000 元，那就减少到 1 000 元，等到"双十一"的时候我们就攒出了 5 000 元的预算额度。

事后摊销：有些大件商品开支或者意外开支很难提前准备，就可以采用事后摊销的策略。通过降低后面的预算，来把之前的超支补回来。比如我之前买了一台笔记本电脑，事后总共花了 18 个月、每月摊销 760 元才摊销完毕，在此期间我的购物消费预算会降低 760 元以弥补亏空，我把自己的购物消费预算从 1 750 元/月，砍到了 990 元/月。

现在我们来看看不同方法在 MoneyWiz 中应该如何具体操作。

预算转移

如果只是个别预算超支，而其他预算尚有结余，我们可以使用预算转移功能在不同预算之间转移预算，按照图 3.6 操作即可。

图 3.6　预算转移功能演示

摊销策略

提前准备和事后摊销本质上都属于摊销策略，我就放在一起介绍，原理是互通的。

摊销策略在记账上有两种实现形式：一种适合少量的大件商品开支摊销，比如手机、电脑和家电等，特征是账目少、金额大；另一种则适合某一时间段的超支，比如我突然回国一趟，就会造成这段时间的预算普遍超支，账目烦琐。

大件商品开支摊销

这里就以我之前买电脑为例，消费 13 680 元，摊销 18 个月。操作步骤如下：

- 建立一个虚拟的摊销账户。
- 买电脑的开支不记录为开支，而记录为转账，转账到摊销账户，明细为"买电脑"。
- 建立一个每月 1 次、共重复 18 次的周期账目，从摊销账户支出。
- 每个月到了设置好的时间，MoneyWiz 就会按照设置自动记录一笔支出。

由于最初的开支被记录为转账，所以这笔大件商品开支在初始是不会对预算系统产生影响的。只有到了后面每月摊销的时候，才会被预算系统监控到，记录摊销。

图 3.7 是这个周期自动记账的示例，每月重复 1 次，重复 18 次后会自动提示结束。

补充一点，可以把用来摊销的虚拟账户在扩展中设置成不计入净值，这样既能看到自己实际的财务状况，也可以用摊销让自己的预算不会处于超支状态。

独立预算池摊销

大件商品开支摊销的方法只适合少量、高金额的开支，如果是一段时间密集消费导致的超支，这个方法并不适用，因为实在太烦琐。所以我又想出了第二个办法——设置一个独立预算池。

有段时间我回国了一趟，整个行程开销 11 500 元左右，以我个人每月 1 762 元的预算来看是完全不够的。如果不做处理，会导致未来很久个人预算都是超支状态，这就失去了参考意义，所以我对

图 3.7　周期自动记账

这部分的预算做了专门处理。

假设原本超支的预算命名为"我的开支",操作方法如下:

- 建立一个独立预算池,命名为"我的开支缓冲区",预算设置为 0 元。
- 从"我的开支缓冲区"转移 15 000 元预算至"我的开支"。
- 从"我的开支"每月摊销时转回部分预算至"我的开支缓冲区"。

　　建立"我的开支缓冲区"之后转移 15 000 元预算，这样一来"我的开支缓冲区"剩余预算为 – 15 000 元，"我的开支"增加预算 15 000 元，就把超支放在一个单独的预算池中。而"我的开支缓冲区"的数字就是之前超支待摊销的金额，一目了然。

　　但是这里又涉及一个问题——如何满足"无重叠"原则？方法很简单，如果这个缓冲区本身不监控任何开支，只是作为一个指示作用的虚拟预算，也就不会对我们的预算体系产生任何影响。具体实现如图 3.8 所示。

图 3.8　预算缓冲区设置

　　这个预算的技巧在于设置标签，我设置成"要还钱"。但是实际上，我在记账开支的时候从来都不会使用"过桥"① 这个标签，所以整个预算并不会监控开支。

---

① 借用的是企业间临时借贷的"过桥贷款"这个名字，就像是现在的自己向未来的自己借了一笔过桥贷款。

为什么要"无重叠"

在前文我们强调了"无重叠"原则，这主要是为了降低我们对预算的跟踪和统计成本。

图 3.9 是 MoneyWiz 的预算系统界面截图，除了每一条预算以外，App 的最上方还会显示所有预算的使用情况，给用户一个快速直观的参考。但是如果预算过滤规则出现了重叠的情况，就会导致这个数据有误，影响我们的判断。

图 3.9　MoneyWiz 预算系统界面截图

除此以外，还有一个非常有用的预算报表也需要"无重叠"原则的支持——预算分类对比。图 3.10 就是 MoneyWiz 生成的当月预算对比图，可以直观地看出不同预算开支的占比情况。如果预算出现重叠，对于分析统计结果也会产生不小的干扰。

预算需要持续调整和优化

规划预算常常有两类错误的操作：一种是前期思考准备太多，费时费力；另一种是盲目开始，遇到困难轻易放弃。

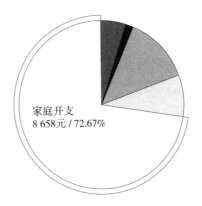

家庭开支
8 658元 / 72.67%

图 3.10 MoneyWiz 生成的当月预算对比

我的建议是"小步快跑、快速迭代"。先制订一个大概的预算计划，在执行的过程中，我们会不断发现问题，然后持续调整和优化自己的预算计划。好预算是不断调整优化出来的，而不是设计来的。在最初制订预算计划的过程中，我们可能要遇到很多困难，不断调整优化，逐渐接近我们的目标。具体如图 3.11 所示。

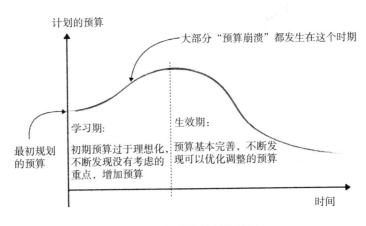

图 3.11 制订预算计划的过程

在初期规划预算时，因为考虑不周，我们的预算往往过于理想化。因此，我们会经历让人崩溃的超支阶段，几乎会月月超支，然后不断提高自己的预算标准。这是正常情况，而且这种情况往往会持续半年甚至更久，大部分人会喊着"做了预算也还是该花多少钱还花多少钱"，然后放弃预算。

如果我们有幸坚持下来，那么我们将开始收获预算给我们带来的改变。在这个阶段，预算已经非常全面，我们的注意力会逐渐转移到"什么钱该花，什么钱不该花"上面，开支越来越少，生活质量却越来越高。

最终我们可以进入依靠预算指导消费的状态。以前，我们是先消费、再超支，而以后是先看预算，再决定要不要消费。预算就这样被内化到了生活之中。

小结

在这一节我们重点讨论了如何规划和执行预算，帮自己更加高效储蓄：

- 预算的意义在于指示"时间"，而不是用来限制自己。
- 规划预算要以年度为期限，涵盖全年的每一笔开支，才能发挥最大的作用。
- 规划预算需要考虑两个原则——全覆盖、无重叠，和三个标准——目标导向、考虑波动、长线思维。
- 处理预算超支的策略有三种——预算转移、提前准备和事后摊销。

规划预算是一件非常实操的工作，我们需要不断尝试、实践，仅仅看完这一节内容可能还是会觉得云里雾里的，不妨对照着相关App 自己多尝试几次。

　　另外，规划预算不要想着一步到位，预算要在不断调整中优化、完善。不用对预算初期的超支太消极，其实每一次超支都恰恰是在提醒我们自己预算的薄弱点，以使预算更加可行、实际。

愿望清单：一个帮我们实现理性消费、提高幸福感的利器

　　在上一节，我们详细地讨论了如何规划预算，这一节则重点介绍另一个给力的工具——愿望清单。

　　如果说预算是通过量化消费进度，使我们思考消费的意义，削减那些看似需要、实则无意义的伪消费需求，那么愿望清单就是从根本上促进我们对消费的理解、提升消费质量，让我们自愿放弃很多无效消费。

　　这一节所讨论的愿望清单主要是指消费愿望，或者说欲望，就是把所有想买的、想玩的东西都列出来并不断回顾。

　　我们可以把愿望清单看作一个待办事项清单，每一个愿望就是一个待办事项，形式是一致的。但是愿望与待办事项又有一个本质的区别，就是你对愿望更有好感。

　　当面对清单中重要但耗时的待办事项时，我们可能会偶尔犯"拖延症"，反而去先完成简单轻松的事项；而愿望正相反，越是发自内心的愿望，我们越愿意为此放弃那些无足轻重的小愿望，这是愿望清单的"基因"优势。而正是这个区别，使愿望清单提升消费质量成为可能。

如何使用愿望清单

　　使用愿望清单的方法可以用一句话概括：在想到一个消费需求

后，别急着下单，先把这个消费需求放到愿望清单中，同时回顾一下清单中的其他内容，再做下一步的消费打算。

人本身是健忘的，当我们忙于生活时很容易忘记自己当初的愿望。当我们回顾清单时，清单会提醒我们勿忘初心。你大概率会发现，相比于发自内心的愿望，自己新想到的这个消费打算太无足轻重了。

举一个我自己的例子，正好前段时间，我的印象笔记（Evernote）会员到期，提示我续费一年。在决定下单之前，我先把这个消费需求放入愿望清单，并排列优先级，如图 3.12 所示。

	我的愿望	金额（元）	加入日期	处理日期	备注
☐	苹果手表	2 750	2018.01.01		
☐	明基智能读屏挂灯	758	2019.01.01		
☑	苹果无线耳机	1 371	2019.03.30	2019.04.13	
放弃	印象笔记会员	536	2019.04.01	2019.04.05	不重要
放弃	HHKB键盘	2 291	2018.09.01	2019.11.01	伪需求
放弃	苹果笔记本电脑	12 251	2018.08.01	2019.11.01	没有移动办公需求

注：作者在德国工作与生活，因此图中显示的物价为德国当地的物价。

图 3.12　我的愿望清单

将它放进愿望清单之后我才发现，清单中还有比印象笔记会员续费更加重要的愿望，所以这个消费需求自然而然地被放在较低优先级，最后放弃。

这件事帮我留意到，其实成为印象笔记会员并不是我的真实需求。因为我其实并没用过必须付费的高级功能，于是果断放弃会员续费。我不是说印象笔记不好，只是不适合我而已。

愿望清单的使用流程

为了加深理解，关于愿望清单的使用方法我绘制了一张详细的流程图，如图 3.13 所示。

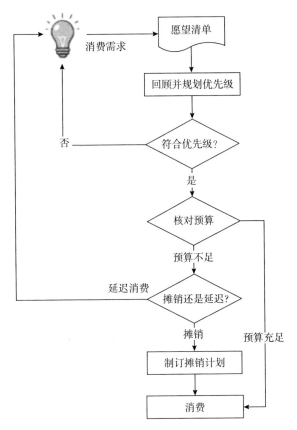

图 3.13 愿望清单的使用流程

首先，我们要把所有的消费需求都收集到愿望清单之中。当我们想要某件东西的时候，不要急着下单，先放入愿望清单中，然后进行整理，排列优先级，也相当于对愿望清单的一次维护。

如果发现新放入的消费需求被自己放在了较低的优先级，就有必要重新审视这笔消费的意义，它很可能是一个伪需求。根据我自己的经验，放进愿望清单里的项目，一半以上都会被放弃。

另外，决定放弃的消费也不要从清单中删除，而是做个标记，放在后面整理起来，久而久之就会形成一个很好的统计，帮助了解自己的真实需求是什么。

如果经过清单的过滤，我们依然觉得这个消费需求非常有意义，那就进行下一步——检查自己的预算，决定消费策略。关于预算，我已经在上一节系统地介绍了，这里就不再赘述。

总体来说，愿望清单有两个核心原则：

- 想要消费，先放入愿望清单。
- 优先实现最高优先级的愿望。

如何规划清单优先级

这里借用一个近藤麻理惠的收纳整理原则——怦然心动。很多时候，根本不需要我们列数字、全面对比，只要把两个东西的名字放在一起，你就知道自己更想要哪个。如果一个东西加入清单之后三天、一周、一个月，你都觉得怦然心动，那就别想别的了，肯定是最高优先级的。

当然也并不是所有消费都必须怦然心动，对于相对普通的消费，我会遵守以下原则：

- 经典款、大众款优先，不当小白鼠。不仅仅是消费，假如你和我一样工作上要常常和硬件传感器打交道，你也会远离那些所谓的"新潮"设备。

- 假如你纠结是否买一个东西只是因为它"贵"，那就把它放在高优先级；如果你想买一个东西只是因为它"便宜"，那就把它从清单中剔除。
- 查询权威、中立的产品评测，可以参考一下外文网站。

愿望清单的意义

我认为愿望清单最大的意义是把愿望统一呈现在我们面前，并以此避免其他无效消费对重要愿望的资源挤占。清单内容的提醒，实际上是强化了我们对于自己愿望的理解。

我们可以思考一个关于生产力效率的问题。如果你正在忙一个非常重要的任务，这个时候你突然想到家里的猫粮快要完了，或者同事跑过来问能不能帮找一份资料，你是会立刻放下手头的重要工作，还是先把这件小事记录下来，等到休息的时候再做？有效率意识的朋友往往会选择继续执行当前的重要事项，等空闲时间再做简单的小事。想要什么立刻就做，是低效人士的特征之一。这个效率思维对于提高消费效率同样非常重要。

想到什么立刻就买，是消费低效的原因。如果消费没有策略，想要什么东西立刻下单，就会常常遇到想买真正需要的东西时却没有钱的情况。最后真正需要的东西一拖再拖，而已买的东西没多久就被束之高阁。

而这个问题在使用愿望清单以后就不再存在了，因为愿望清单会一遍又一遍地提醒你到底什么才是你最想要的。

沉淀信息、项目择优

我认为愿望清单主要有三个好处：信息收集；信息沉淀；项目

择优。

不管我们打算购买什么，都先放入清单之中进行信息收集。把所有想法、欲望都收集起来，以便更好地管理和统计。

关于消费有一句很经典的话，"假如3天后你还是想要，那再考虑买"，这就是信息沉淀的意义。很多冲动消费可能几天之后再看发现完全没有必要，而愿望清单天然具有信息沉淀的功能。通过加入清单、过滤清单这两个动作，在冲动和消费之间形成一个缓冲地带。

愿望清单可以更好地辅助我们做项目择优，选出那些我们真正渴望的消费品。当我们面对新的消费冲动时，打开愿望清单，看到清单中渴望已久的东西时，很多一时的冲动也就顷刻间褪去了。

提醒

对于许多人来说，新愿望的权重要显著高于旧愿望。当我们面对新的消费欲望的刺激时，很容易一冲动就把自己本来想要的更重要的东西忘记了。

还是以印象笔记会员续费为例，当我收到续费提醒的瞬间，哪里还记得自己半年前的其他愿望？在这个瞬间，续费在我意识中的权重远远超过了其他更重要的愿望权重的总和，我很容易冲动下单。

为了解决这个问题，我们需要一个工具降低新愿望的权重，提高旧愿望的权重，这就是回顾愿望清单、提醒自己的意义。

如果我们定下一个消费流程，每笔购物开支都必须通过愿望清单，强制自己在购物之前浏览一遍自己的愿望，就把新旧愿望的权重放在一个相同的高度，很多无效消费也就顺理成章地被排除了。

建立愿望清单

除了给自己的愿望清单，还有两张愿望清单值得考虑：

- 全家的愿望清单，通过共同预算来实现，大家一起努力。
- 礼物清单，平时多留意、多收集，用到的时候心不慌。

建立了愿望清单之后，你会发现幸福其实也挺简单的。

生活中的幸福感到底来自哪类消费

80%的幸福感其实来自20%的消费。

获得幸福感与积累财富能够兼得吗？我认为可以，因为砍掉80%无效消费并不会影响我们的生活质量，甚至还会让我们生活得更加舒适，否则何来"断舍离"的热潮呢？

而"鱼和熊掌兼得"的核心就在于，尽可能专注于增加幸福感的20%的重要消费，削减80%的低效消费。

这一章的前三节系统地介绍了效率思维对理性消费的帮助，以及个人预算、愿望清单这两大工具，来帮我们更容易地实现这个目标。这其实就是一个"过滤→沉淀→择优→量化"的过程。在这个过程中，消费的意义越来越明确，生活中的幸福感显著提升，开支水平却稳步下降。

愿望清单实现过滤沉淀

其实我们每个人都有能力找到20%的核心消费，如果把所有的消费需求放在一张愿望清单之内，每个人都可以很快选出对自己而言最重要的东西。但是当这些消费需求分别在不同时间出现时，我们容易失去判断能力。月初发工资的瞬间，许多人会忘记几个月前自己荷包空空时的愿望。

所以我们需要这样一张清单，呈现我们所有的消费需求，并排列优先级，这就是愿望清单。通过把所有愿望记录在清单中，可以让我们明白哪些东西才是最重要的。很多消费冲动，在我们看到清单中更重要的愿望时，往往也就褪去了。

愿望清单对于消费需求起到了过滤和沉淀的作用，在冲动和消费之间形成一个缓冲地带。通过愿望清单，我们可以很容易分辨出哪些消费属于重要的20%，哪些消费属于无效的80%。

但是只有愿望清单并不能帮我们实现全部目标。愿望清单虽然能够提高消费质量，边际效果却是随着资源增加而不断递减的。因为清单中的愿望不可能全部保持一致的质量，越往下质量往往越低。所以我们需要第二个工具——预算，来帮助我们聚焦愿望清单的高质量部分。

预算实现高效择优

如果说愿望清单是提高生活中幸福感的利器，那么预算就是实现财富积累的核心。我们要的是同时获得幸福感和财富。

关于预算我们先要明确一点，预算的首要目的并不在于限制自己，而在于明确计量我们的剩余资源和已消耗资源，就像时钟一样。限制我们的永远是生活本身，是目标与理想之间的差别，是为了实现目标所需要的付出。

系统的预算规划，会进一步帮助我们思考到底什么才是最重要的，为愿望清单进行优先级排序，把有限的资源集中于对我们生活而言最重要的消费上。

预算其实不但不会降低生活中的幸福感，反而会改善生活质量，甚至提高实现财务目标的可能性。一家人一起规划预算并为实现预算目标而努力，还能增加一些生活情趣，甚至激发我们的创造力。

很多研究表明，创新不是靠资源堆出来的，而常常是因为资源不够或者因为某些限制而被"逼"出来的。因为预算对于消费的限制，我们不得不去寻找一些新的消费思路和生活方式，相当于被预算"推"着寻找更好的生活。而找到的那一刻，成就感和幸福感简直"爆棚"。

我自己也常常被预算"推"着发现一些更能增加幸福感的生活方式。我们一家曾经为了更好地实现预算"被迫"每天逛超市，因为这样可以更准确地估计用量而避免浪费。可能有人觉得每天去超市采购比较浪费时间，以前我也这么觉得，但是实践下来发现利远大于弊。平时抱怨自己没有时间和家人好好相处、没有时间健身锻炼的人，逛超市可以帮他们把这些问题都顺便解决了。

我和太太一起逛超市的时候，共同的小目标——买菜——把我们联系起来，一路上一直说不停，从吃什么可以聊到当天的工作，再聊到未来的人生规划，财务自由以后的安排。我们一天80%的交流都是在逛超市的路上完成的，反倒回家后各忙各的，交流的机会没那么多。

除此以外，执行预算也能让我们更快更有效地获得反馈。预算系统的存在实际上是把漫长的 10 年财富积累过程，分割成了每月预算目标，而且预算本身自带跟踪和反馈的功能，这个过程每一天的进度都是完全透明的。原本是要坚持 10 年的大目标，就被拆分成了一个个月度消费目标。只要我们实现每个月的目标，最终实现本金积累的目标也就水到渠成。

效率思维指导消费

回顾了愿望清单、预算，我们再重新回到效率思维上。现在再回头看表 3.1 是不是会有新的感悟。前文介绍的愿望清单和预算，不正是表3.1中"任务"和"资源"的衡量指标吗？理性消费的核心是拥有基于任务管理和时间管理的效率思维，实现有限资源的收益最大化。我们追求的是消费效率最大限度地提升，强化那些能够产生80%幸福感的20%消费，再把那些80%的无效消费的开支变成我们的储蓄。

等我们实现理性消费、高效储蓄以后，我们最终会走向何方？有位读者的留言准确地道出我的心声：

> 今年消费控制得很好，主要是决定了只买一见钟情的非必需品，结果省了几个月后，我开始对存款数字产生兴趣了，现在无论如何都不想买了。

在这个过程中，我们会不断探求消费和储蓄的意义，直到某一刻，储蓄带来的幸福感超越了消费带来的幸福感。这个时候我们会发现，我们追求财富为的并不是财富带来的物质上的满足，而是财富带给自己的自信、依靠和自由。

利用四象限法解构消费

提起理性消费，你可能听过这样一种观点——想清楚什么是必要、什么是想要，尽量多花"必要"的钱，少花"想要"的钱，控制自己的物欲。但是真的是这样吗？我不这么看。

我们不妨用必要和想要这两个维度来做一个四象限分析，如图3.14所示。

带着这个四象限，我们有必要重新审视一下上文的观点。

我们真的应该多投入"必要"，控制"想要"吗？我的观点恰恰相反，我们应该尽量压缩必要但是不想要的开支（这部分的比重

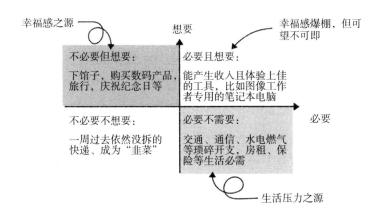

图 3.14 利用四象限法解构消费

往往出乎意料地大），预算多多倾斜给想要。

基于消费的基本心理——促进多巴胺分泌，我坚信必要开支够用就好，"必要消费"的边际成本其实是不断增加的，占比达到一定程度以后对于生活的改善就很有限了，过高反而会引发我们的焦虑。想想看，我们在日常生活中发愁的开支，无不是来自这个象限，比如房租、房贷、教育金。

而"想要"则恰恰相反，实现"想要"是一个分泌多巴胺的过程，是生活幸福感的重中之重。我只见过换了新电脑而手舞足蹈的消费者，几乎没见过交完房租还要下馆子庆祝一下的房客。

不过也请注意，我并未鼓励挥霍、享乐当下，我的建议是在预算的范围内，多给"想要"适当的倾斜，不要过度压抑自己的需求。预算谋求的是未来和当下的平衡，追求的是双赢，在实现为未来储蓄的同时适度满足自己对于当下生活的预期。

但是运用四象限法还面临一个需要解决的问题——怎么有效判断"想要"？

我认为愿望清单是一个非常有效的工具，把所有想要的东西都放进清单中，对比择优。虽然我们很难评价单个物品是不是真的想要，但是把所有的愿望放在一个清单中比较，答案就一目了然了。

实现高储蓄率的另一个努力方向

我们通常认为投资应该先有本金，对于工薪族来说，本金的最大来源非储蓄莫属，投资要先能存下钱。但是有些人发现存钱异常困难，即使是应用了各种理性消费的技巧还是很难。

其实 2014 年那会儿我也是存不下钱的，但是现在在财务自由这条路上走得非常愉快，找到契机人是很容易变的。

为什么我存不下钱

有一次我在路边等朋友，闲着无聊时目光便回到自己身上，我大概清点了一下那一身日常装备：

- 鞋子，3 年前买的，左脚破了一个洞，太太帮我补上了。
- 裤子，4 年前买的，左边口袋已经有了一个方形的手机形状褪色痕。
- 上衣，至少买了 3 年了。
- 手表，高中时买的，10 年间没出过毛病（刚刚退役，作为备用表了）。
- 眼镜，3 年前买的，镜框与国产镜片总共花了 700 元。
- 书包，这个新一点，从太太手里淘来的。
- 手机，3 年前买的 iPhone 6s，感觉还能再用两年。

可能有人会觉得我穷酸，我反倒暗暗窃喜，因为这样我离财务自由越来越近了。

重点是我以前完全不是这样的。本科时期，我一年至少换一部手机，预算超支是常事，不过家里人给的钱还应付得来。刚刚来德国那年，我花一万多元买了一辆山地车，结果第二次出去玩就把右手骨头摔伤了，再没骑过，因为手养了一年多才彻底好。

后来我就想，促使我有这种改变的契机到底是什么？是自律吗？不可能。假如我自律，为什么以前省不下钱？是因为预算和记账吗？有部分原因，但也不完全是，2012 年那会儿我就开始记账、理财，但是直到 2016 年我才开始掌握门道。

后来我把以下三件事情关联在一起得出了结论：

- 我的抽屉里有个"收藏品"，是我 2015 年年末在德国买的眼镜框，2 300 元买回来居然一次也没带过。现在作为当年乱花钱的证据，放在抽屉里提醒自己。
- 我开始投资，主要是 2016 年学业不顺，一急之下决定好好研究投资，开始重金入市，因为运气比较好赶上了市场的上升行情，获得了比较客观的投资回报。
- 巧合的是，我也是从 2016 年开始突然就能够有效贯彻预算计划了，几乎没再超支过。

直到这个时候我才发现了自己转变的真相，2015、2016 年的关键转折就是开始认真投资，尝到了本金增值的甜头，2016、2017 年投资年化收益率接近 50%。从那以后储蓄、执行预算再没觉得困难过。

没有真正理解或者尝试过本金增值所带来的回报，就很难真切体会到省钱带来的价值。我总结出了一个"幸福感守恒"的理论，可以很好地解释这个过程。

幸福感守恒

生活中，我们对于幸福感的需求其实是相对恒定的，过多过少都不能长久。如果一个人只是单纯地省钱，那么就相当于打破了这个平衡，少消费获得的幸福感就会减少，这个过程自然难以坚持。

如果减少消费所缺失的幸福感能够从另外一个方面补回来，使得幸福感守恒，省钱就会变得容易很多。一般有三个逻辑：

第一，同样的消费金额，会花钱的人获得的幸福感更高，之前我提的"预算＋愿望清单"策略就是这个思路。

第二，能够从自己储蓄增长的过程中获得快乐，但是不同的人体会不同，有很多读者给我留言说自己存钱上瘾，但是也有很多人体会不到。

第三，也就是我这一节想说的，用本金赚钱的幸福感和成就感会弥补省钱带来的幸福感缺口，所以省钱就会变得非常容易。

用本金赚钱，实际上就是给省钱赋予了现实意义。以前是，省钱，消费变少，没有下一步，没有形成闭环；现在是，省钱，本金多了，赚得更多，更有动力省钱形成一个强大的正反馈。

其实还能再进一步，因为我们需要的幸福感守恒，所以当投资赚钱越来越顺利，这种幸福感会直接挤压消费需求，以至于消费需求越来越少。这或许可以解释为什么很多著名投资者很富有却异常节俭。

《游戏改变世界》① 一书中有一句非常精彩的话：

---

① 简·麦戈尼格尔.游戏改变世界［M］.闾佳，译.杭州：浙江人民出版社，2012.

如果游戏的目标真正具有吸引力、反馈又足以激励人心，我们就会在相当长的时间里发挥创造力，满怀热情，真心实意地不断挑战游戏设置的重重障碍。

财务自由对我来说可不就是一个游戏，还是会疯狂沉迷的那种，我能乐此不疲地分享财务自由实践，竟然是因为我无意中给自己搭建了一个会改变人生的游戏，而投资赚钱就是这个游戏的关键反馈。

有些人善于省钱，工作没几年就能存下一笔小钱。但是这属于从小养成的习惯，如果尝试省钱未果，就别在这条路上"死磕"了。

对于没有这种能力的人（比如我），就得另找出路，先学会用本金赚钱，或者理解本金赚钱的逻辑和可行性，并坚信本金能赚到钱。经过这种转变，省钱才会变得容易。

钱是省出来的，也是赚出来的，但是用本金赚和用体力赚有本质区别，体力赚钱是很难形成反馈和闭环的，而用本金赚钱可以。因省不下钱而苦恼的朋友不妨转换一下思维，先试试学习投资赚钱吧。

过度压抑消费容易导致反弹

提升储蓄率、积累财富固然重要，但是度也要把握好。我通过很多渠道也陆陆续续读过一些和我一样倡导财务自由的人的文章，但是很多内容对于消费节俭的描述过于极端化。把追求财务自由的人描绘得极其吝啬，在生活上极度压制。我个人并不建议为了财务自由竭尽所能压缩开支，牺牲生活质量，而且过度压抑非常容易导致后期的报复性消费。

找回财务自由的初衷

我们财务自由的初衷是，不再为收入和生计而忍受不喜欢的生活，拿回生活的选择权，有底气对不喜欢的事情说不。而如果我们过度苛求自己，牺牲生活质量，反而本末倒置。不管是断舍离，还是其他方法，都有一个重要的前提——你会因此更快乐。

控制和削减开支也是同样的道理，合理地控制消费应该让你更舒服而不是更加焦虑：

- 低效消费少了，家里更整洁了。
- 无用的东西少了，心理负担也小了。
- 摆脱月光，储蓄明显增长，带来正向激励。

对于消费欲望的过度压抑很容易导致反弹，我并不倡导这种方式，很难坚持，且常常会导致后期的报复性消费。

前文推荐过的《不上班也有钱》一书，作者是一个成功的财务自由实践者。作者的一些经验教训值得我们思考。比如作者甚至为了省钱考虑过自己养猪，最后研究了一番选择放弃，太影响生活了。又比如为了省钱，全家挤在一个非常小的房子里，一做饭到处都是油烟，烟感器响个不停，生活受到了很大的影响，最后不堪其扰，还是搬出了这个小房子。

省钱是为生活目标服务，但是当省钱和必需的生活需求冲突时，生活才是我们的基本诉求。我一直很喜欢举减肥的例子，因为道理真的很像。财务自由之路和减肥有很多相似之处，重要的不是找到见效最快的方法，而是找到有效并且容易坚持的方法。

找到一个可持续的方法比找到一个见效快的方法，更重要！一下把一半的开支砍掉，储蓄效果确实立竿见影。但是问题在于我们的财务自由之路一般要十几年，每个月存下 10% 坚持 10 年，效果比每个月存下一半，但是只能坚持 3 个月显然更有效。你见过刚起跑就拼命狂奔的马拉松运动员吗？慢慢来，跑得久比跑得快更重要。

从需求出发降低开支

我并没有否定节流的意义，只是一个可持续、可复制的方法非常重要。一个可持续的储蓄计划，重点是不断削减无效消费，杜绝浪费，而不是压抑必需的生活诉求。

我建议在令我们"怦然心动"的需求上不妥协，一步到位，在可有可无的消费上"下狠手"，甚至直接砍掉。比较理想的结果是，伪需求越来越少，真正的需求得到很好的满足，并顺利攒下钱。而不是为了攒钱，拼命压抑全部生活需求。

我曾经晒出了自己的预算，大约是当地水准的 1/3 不到。所以大家可能也理所当然地认为我的生活非常节俭，但是其实并没有。就拿一个月 2 300 元，两个人、两只猫的餐饮预算来说，我们自己是乐在其中的，而且我们的餐饮标准并不低，至少比周边的中餐馆水平要好，一半以上的菜品是达到发朋友圈的水平的。

再比如消费预算，我希望实现财务自由，但是我依然给购物消费留了占比近 40% 的预算，可以让我顺利但是不会太轻松地买下我真正喜欢或者需要的东西。

总而言之，节流、储蓄一定要建立在可持续的基础上，把有限的预算集中在带来幸福感最强的事物上，"好钢用在刀刃上"。可以先从找到自己觉得生活品质可以接受的预算开始，再逐步削减必要性较低的开支，这样实践性高一些。

小结

理财本质上就是把自己的职业价值和人力价值转化为财富的过程，很多人以为只要收入高就能拥有更多财富。但是如果没有储蓄，这些价值最终只会变成一笔笔非理性消费，被我们浪费掉。

储蓄是把自己的价值转换为财富的有效手段，而且这件事并没有大家想的那么困难，也并不会影响我们享受当下的生活。只要我们用好预算和愿望清单这些简单的工具，兼顾高效储蓄和获得幸福感并不难。

把有限的预算集中在我们最珍惜的事物上，砍掉无效消费，把它们转换为财富，我们会发现理财这件事并不难。

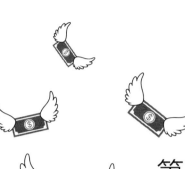

第四章

如何买保险

保险作为家庭理财不可或缺的一步，为我们的投资和生活保驾护航。相信大家都不愿意看到，因为一些意外开支导致本金大幅度缩水。好在现在大家对保险的认可度已经越来越高，也逐渐意识到保险的重要性。

目前市面上关于保险的介绍不少，大都是把保险作为一个孤立的个体，而不是和投资作为整体来考虑。保险和投资同样作为金融工具，其实有很多互补或者相互替代的部分，只考虑保险，很容易导致保障低效和资源浪费。

保险的原理实际上就是把大家的保费收集起来，一方面进行投资增值，另一方面当被保人出险的时候再从资金池内提取资金来提供保障。作为一个懂投资的人，很多时候大可自己进行投资来增强自己的抗风险能力，而不用过度依赖保险公司。

在实际生活中，投资是能够与保险互补的，当投资净值超过一定临界值后，也能带来很强的抗风险能力。假如我每月能用投资产生 1 万元的被动收入，那我的抗风险能力一定就要远高于工资为 1 万元的情况，因为投资带来的被动收入不会受到生病、误工等情况影响。

当我们已经进入或者计划在未来进入这样的被动收入状态，就势必要重新考虑保险组合。怎么让保险和投资配合起来，这是考虑的重点。我在前文中也不断强调,保险是投资体系中必不可少的一环。比如医疗险和重疾险等常备险种,是防止我们因病致贫的根本保障。把保险和投资放在一起考虑,给我们提供了更多的机会和可能性。

在这一章中我想着重回答以下核心问题——做投资的人应该怎么买保险?当我们掌握一定的投资技巧和工具以后,看待保险会有哪些不同之处?

两条线看价值变化

投资者买保险的思路和普通人买保险有什么区别?我们来看图4.1中两条线就知道了。

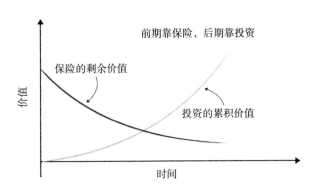

图4.1 保险与投资的价值随时间的变化

如图4.1所示,保险的价值最高点在起始点,由于通货膨胀的原因价值不断下降。而投资的价值变化和保险正相反,投资的早期价值很低,本金少,基本起不到什么作用,但是投资越到后期价值越高,复利累积效应越来越明显。

那图4.1中的这两条线告诉了我们什么?

保险关注中短期，投资关注长期。不能指望保险能够解决长期尤其是终身问题，也别想着刚刚开始投资就能马上产生稳定的被动收入。后文我会反复使用这两条线，因为想让保险买得更划算靠的就是它。

比如重疾险，相比于终身保障，我更推荐保障期限为30年的。30年以后，保险本身的价值就已经所剩无几。同样是50万元的保额，如今觉得绰绰有余，但是等到我七八十岁，很可能因为通货膨胀不够用。终身险只是心理安慰，其实保不了终身。

你可能会问，那我30年后的保障怎么办？答案在第二条线上——投资。保期30年的保险比终身保障要便宜不少，如果把节约下来的保费用来投资，30年后会有大大的惊喜，积累下的投资大概率会超过保险的保额，怎么还会愁老了没有保障？

为什么保险要早买

早买保险是个两头赚钱的好事。保险越早买越便宜，真生病以后很可能就买不了保险了，这是大多数人的普遍认知。现在我们还要用图4.1中的两条线来补充说明。

为什么保险要早买？因为早期我们的投资价值还没有涨起来，处在一个非常脆弱的时期。早期最怕的是什么？是损失本金，今天失去的1万元，未来很可能价值5万元、10万元甚至更高。在投资理财的早期，保险乍看上去保的是健康、是生命，其实保护的也是我们的投资本金。

保险越早买价值越大，而保险越早买也越便宜，所以是两头赚钱。

保险是消费不是投资

保险并不是投资，增加抗风险能力的同时也在增加负担，不要想着保险能够让我们占便宜。

关于保险策略最恰当的比喻，我认为是——头盔＋防弹背心。保险就好比防护工具，没有防护工具就上战场等于自取灭亡。但问题是防护工具也不能穿太多，否则就失去了灵活性，反倒更容易被歼灭。

所以问题来了，哪个防护工具没有会要命，不穿戴不行，最好还不要影响灵活性？头盔和防弹背心，护头、护心即可。

保险也是一样的道理，我们的原则就是只买刚需，其他的一概不要。省下来的钱，要么做投资，要么把刚需保险升级。

总结如下：

- 保险只买刚需，刚需买到最佳，其他的不要买。
- 保险关注中短期，保障期限在 30 年左右性价比最高，长期保障靠投资。

四大类刚需保险的作用详解

对于大部分工薪族而言，除了五险一金的社保以外，我们一般还需要四大类刚需保险，分别是医疗险、重疾险、意外险和寿险。要选择自己适合的保险，首先有必要彻底弄清楚不同保险的保障内容。

在判断保险的时候容易出现一个误区就是只看保险保障的出险情况，比如生病要用到医疗险和重疾险，所以这两个保险就是保障疾病。其实这是不对的，保险是在对应风险出现时分担我们的财务所面临的不可预料的压力，而不是保障这个风险本身。

医疗险保障的主要是出现重大疾病时分担沉重的医疗费和住院费负担。重疾险保障的主要是出现重大疾病导致失去工作能力时，补偿随之而来的收入缺口，本质上是生活费，而不是医药费。对于医疗险和重疾险的误解非常普遍，稍后我会具体介绍。

意外险保障的情况稍微复杂，因为意外导致的问题可大可小，主要就是意外事故导致的对应开支。

寿险，主要为定期寿险，主要保障的是对家庭一方因疾病或意外身故导致的收入缺口进行补偿。这个保险因为和身故直接挂钩，所以许多人会避讳，但是我个人认为寿险其实是非常重要的险种，重要性甚至高于意外险。稍后我也会详细介绍。

从保险的刚需程度来说，我建议的配置顺序是：医疗险、重疾险、寿险、意外险。

不同险种所保障的风险不同，我们可以有效地分析自己对保险的需求程度。一个例子就是，对于已经实现财务自由的人来说，重疾险和定寿险就都可以不再投保了，因为财务自由以后已经不存在收入缺口的问题，只要本金在、收益在，收入就不用发愁，也就不存在收入缺口的风险。

不同险种能不能相互替代

有些保险的保障范围是有一定重叠的，比如寿险和意外险都保障意外身故，再比如医疗险和重疾险都会在生大病时提供赔付。所以常常会有这样的疑问：不同险种能不能相互替代？

要系统地回答这个问题，我建议从我们上文所讲的不同险种所保障的风险入手。如果一类保险可以完全覆盖另一类保险所承担的风险，或者满足了自己的全部保险需求，就可以考虑相互替代，否则就不行。

比如大家常常问到的医疗险能不能代替重疾险，以此为例来看看具体的判断过程。就像我们前面所说的，医疗险和重疾险都属于健康险范畴，都是在生病的时候用到，很容易出现混淆。当然，答案是非常确定的——不能相互代替，因为这两类保险所保障的其实是完全不同的风险。

医疗险不能代替重疾险

先说医疗险为什么不能代替重疾险。

医疗险是一个比较热门的险种，最大的优势是杠杆足够高，几百元的保费能够得到上百万元的保障。医疗险像社保一样实报实销，花多少医疗费就对应理赔多少（或者某些情况下更少一点）。

这里我们需要抓住的重点就是医疗险只理赔医疗费。但是我们生病期间所需要负担的不仅仅是医疗费，更重要的是如果生大病，这段时间不能工作就会产生很大的收入缺口。

生病没有了收入，但是生活还要继续，这部分缺口是没有办法使用医疗险来弥补的。餐饮、教育、房租、房贷每一项都是刚需开支。而这些开支只能用重疾险来弥补。相比于医疗险，重疾险是生病以后直接给你一笔钱（保额），可以自行选择资金用途，这是重疾险的最大用途——补偿生病期间的收入缺口。

除此以外，医疗险还有几点需要注意一下：保费不恒定，后期会越来越高，甚至超过重疾险；不能保证续保，这个值得多说几句，因为会直接影响到我们选保险。假如突生大病，又正好赶上对应产品下架不能续保，此时换其他保险产品很难，到时就举步维艰了。

重疾险也不能代替医疗险

同样地，重疾险也不能替代医疗险。产生医疗费的情况可能多种多样，比如意外事故需要住院或者手术，但是如果没有导致重疾险中所约定的重疾，这些费用无法得到赔付。

更关键的是，用重疾险去覆盖医疗费是非常不明智、不划算的。因为重疾险的杠杆倍率比医疗险低太多了。重疾险 50 万元保额，一年保费要几千元到一万元，而医疗险 400 万元的保额，保费往往只有重疾险的 1/10。

所以总体来说，医疗险和重疾险的分工是很明确的——医疗险管生病期间的医疗费，重疾险则相当于生病期间的误工费，补偿收入。重疾险的理想保额是高于当前的总负债和两三年生活开支。

只要我们想清楚各类保险所保障的具体风险，再考虑前面所说的"保险只买刚需"原则，很容易就可以得出结论。

保险的保障期限买多久最划算

介绍了四大刚需险种，解决了买什么的问题，现在我们来详细看一下如何买，带着中短期思维买保险和直接买入终身保险到底会有多大的区别。

保险价值最大的时期是中短期，在投资价值增长到可以充分发挥作用以前，使用保险对抗风险就是一种刚需，既是保护我们的健康，也是保护我们的投资本金不被挪用。

保险的保费和保障期限是正相关的，保终身的险种要比只保 10 年的险种贵上很多倍，这里就涉及一个平衡的问题。保险买得太贵挤占现金流会影响后期的投资，保险买得太少或者保障期限太短又没有办法充分覆盖风险、保障不足，该怎么平衡？影响保费和保障情况的一个重要因素就是保障期限，买终身还是买定期？具体买多久？这都是值得斟酌的问题。

所以接下来我们以重疾险为例，量化地考虑长期终身保障和中短期保障的具体区别。

终身保险还是定期保险

我先问大家几个问题：你还记得 20 年前的物价水平吗？你知道 20 年间货币购买力下降了多少？我找到了国家统计局从 1978 年到 2018 年的统计数据，在这 40 年间物价上涨 6.5 倍。

那么问题来了，过去 40 年是这样，那么假如我们现在购买了终身重疾险保额 50 万元，那么再过 40 年以后这份保险的保额价值还剩多少？折算一下也就相当于现在的 7.7 万元了，保障能力的下降还是挺明显的。

图 4.1 中的两条线也很直观地说明了这个问题，保险的价值随时间降低，投资则正相反。既然保险会逐渐贬值，那我们可以把保障期限适度缩短、保费更低，再用省下的保费来投资，获得真正的长期保障。对于大部分人来说，这是一个更适合的选择。

重疾险买多久最划算

既然需要保险和投资的组合方案——买几十年的定期保险，再把省下来的钱用于投资。那么问题来了，保险期限买多久对我们来说最划算？

此处我以 30 岁为例进行计算，对比以下 3 种方案：

- 买终身重疾险，保费缴纳 30 年。
- 买 40 年保障期限的，保费缴纳 30 年，省下的钱定投。
- 买 30 年保障期限的，保费缴纳 20 年，省下的钱定投。

我选择了一款比较畅销的重疾险作为参照，3 种方案的具体对比如表 4.1 所示。

表4.1　3种方案对比

	保额 （万元）	保障 （年）	缴费年限 （年）	保费 （元/年）	用于投资的差价 （元/年）
方案一	50	终身	30	4 850	
方案二	50	40	30	3 400	1 450
方案三	50	30	20	2 650	2 200（前20年）
					4 850（后10年）

　　投资的部分，我按照10%的年化收益率来计算。为了对比这几个方案，我计算了"保额＋投资"的总价值变化，如图4.2所示。假如真的不幸生病，保险和投资可以共同负担我们的生活。可以很明显地看到，附加了投资的方案二和方案三后期的表现非常惊艳，60年后居然可以增值到上百万元。

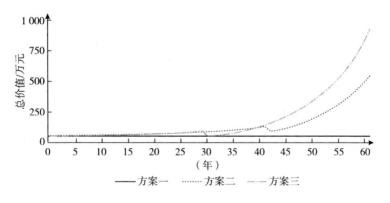

图4.2　3种方案的总价值变化

　　我们把图4.2稍微放大一点儿来看，如4.3所示，关注的关键点是：保险保障到期后，投资增长情况能不能弥补风险敞口？可以看到方案三在保险到期的第一年略低于50万，还是有一点风险敞口；方案二则比较稳妥，同时兼顾了保障和后期的价值增长。

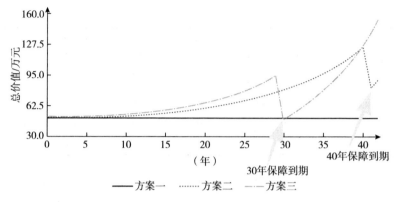

图 4.3　3 种方案的总价值变化局部放大图

　　因此，就重疾险而言，个人是比较倾向 40 年保障期限。综合保险和投资，重疾险 40 年保障期限是保费和保障相对平衡的组合，可以同时覆盖短中长期的保障，而且后期会有高额的可支配资产。

　　综上所述，对于年轻人，建议买定期重疾险，保障 40 年相对合适。对于 40 岁以上的，建议直接买终身险，考虑自身年龄买 40 年保障期限和买终身险区别不大了。

　　这个计算方法不仅仅适用于重疾险，其实对于其他类型的保险，比如定期寿险，也同样适用，大家不妨在投保前稍微进行计算来获得更加全面的了解。

容易被忽视的寿险

　　就像我们前面所说的，因为寿险和身故相关，导致大家对于寿险比较避讳。很多人会买齐医疗险、重疾险和意外险，但是唯独没有寿险，但是我个人认为寿险比意外险更重要。我就给自己投了两份寿险，一份受益人填我太太，一份受益人填父母，分别投保了 250 万元。

寿险和意外险都属于典型的高杠杆，保额高、保费低。其中意外险的杠杆尤其高，同样的保额比定期寿险便宜不少。所以不少人只给自己买了意外险，没有配置寿险。但是凡是便宜总是有道理的，保险的身故理赔数据中，疾病所致占比 80%，意外所致占比 20%，这个比例刚好符合意外险和寿险的差价。所以真的看重保障，我反倒是建议先配置寿险，有需要再配置意外险作为补充。

以下几类家庭是尤其不应该忽视寿险的：

- 固定开销比较大的。
- 家庭收入来源比较单一，一方为家庭支柱。
- 有房贷等负债的家庭。

另外稍微补充一句，大部分读者对于寿险有一个误区，就是自己不受益。其实并不完全是，寿险保的是身故和全残，全残也包含双目失明、咀嚼技能丧失、神经系统导致的失去工作能力等状况。

除此以外，其实还有一个虽然和保险没有直接关系，却能大幅度提升家庭抗风险能力的习惯——多和家人沟通家庭财务状况。

比如我家里是我管账的，我太太不但不管账，连银行卡密码都是我给记着，钱在哪儿、有多少一概不知道。所以有时候我挺担心的，万一发生意外情况可怎么办。我就把重要信息都逼着太太记下来，然后定期考试确保没有问题。生活其实没什么可预测性，概率再小还是可能突然发生。

一项德国的统计数据，德国约有价值 20 亿欧元的"死"账户，因为持有人意外离世而又无人知晓，就一直静静躺在那儿。其中大部分原因是老人离世，上了年纪的人大都会有意识地安排这些事情，但依然会有这么多意想不到的问题，更何况我们这些年轻人呢。

我国对于财产这类问题还比较敏感，比较典型的就是父母和孩子之间避而不谈，还有的家庭是一方管账，另一方只知道大概情况，这样都不太好。

所以在这儿给大家提个建议，有空多和家人沟通一下财产和配置情况，如果真发生意外也不会茫然无措。

关于保险的几个实用原则

保险归保险，投资归投资。不建议买返还型保险或者其他投资属性很重的保险。很多人比较喜欢购买返还型保险，这类保险往往保额很低、保费却很高，最后既不能实现有效保障，也不能提供可观的投资回报。

理性考虑保障期限。终身保障看起来非常可靠，但是由于通货膨胀的影响很可能并不能实现保终身，还是需要具体计算。如果能够做好规划，一部分钱买定期保险，一部分钱用来投资理财其实能得到更好的终身保障。

尽可能拉长缴费年限。这样来自现金流的压力会小很多，也可以早期快快开始积累自己的投资本金。

认真阅读保险条款。保险是典型的强监管产品，不存在公司跑路的情况，但是有很多潜在限制条款，而我们对于某一个保险产品的第一印象很可能和其条款是有所区别的。有些意外情况可能是不被承保的，比如很多意外险产品就不保猝死，如果没有事先好好了解保险条款，很容易产生"保障幻觉"，以为自己已经得到了很好的保障，结果真到出险的时候后悔莫及。

财务自由的时间可能很长，很多人想着等自己财务自由以后是不是年纪也大了，也享受不了生活了。其实不是的，财务自由对我们生活的积极影响其实在我们开始考虑财务自由这个问题的时候就已经开始了。

我们可以先想想自己财务自由以后想做的事情。我问过很多人，最后却发现，大部分我们想在财务自由以后才做的事情其实现在就可以开始。

短期来讲，追求财务自由的过程会为我们提供一个新的思维方式，帮我们发现对我们生活真正重要的东西。改变何需等到真的财务自由以后，现在就可以开始。

追求财务自由的过程会帮我们跳出原有思维方式的限制——必须工作和向不喜欢的事妥协才能维持生活。在这样的限制下，我们太少考虑自己真正的追求和价值实现，财务自由不是让我们不再工作，而是帮我们找到能实现自身价值的工作。

追求财务自由的过程更像是一种思维游戏，我曾经和朋友组织过一次关于财务自由后的生活的畅想，最后得出的结论很有意思，其实我们财务自由以后希望做的绝大部分事情现在就可以开始。只不过平时我们受限于各种各样的现实问题从来没有正视过这些底层的心理需求。我稍微做了一下总结，发现这些愿望基本都集中在这三个方面：

- 选择，可以按照自己的本心来做事，拒绝不喜欢的事物。把时间"浪费"在美好的东西上。
- 提升，"学习"居然是高频词榜首。继续精进自己，但是不再为钱，而是为自己的人生和爱好。
- 贡献，为家人、为社会。

很多人预料中的"再也不用工作""每天赖在家里"这类愿望实际上出现频率相当低。这样的生活也许初期会觉得很爽,但是并不足以支撑生活本身。《被讨厌的勇气》① 中提到过,幸福感很大的来源就是自立和贡献。当我们不再为钱,而只为开心、幸福而做事时,也会自然而然地回到自立和贡献这两个主题上。

结语

财务自由并非遥不可及,作为工薪族,只要能够早早开始规划、认真执行,同样可以实现财务自由,提前退休。如果这本书让你意识到了投资理财对于生活的巨大作用,那就是我莫大的成功。

但是作为作者也需要客观地说几句,投资理财对于生活很重要,但是投资理财不是万能的。投资理财本质上是一个将职业价值和人力价值变现的过程,我们自身的价值才是投资理财成功的基石。

一些投资者在投资理财入门之后会产生一种错觉——理财能赚大钱、理财无所不能,然后投入大量的时间进行操作,比如炒股,力图击败市场获得更高的回报。但是往往事与愿违,投资理财的边际成本是越来越高的,小白从零起步,多花一点时间就可以创造满意的收益。但是如果想着在里面投入双倍时间就能获得双倍回报,那现实可能就让我们失望了。

建议工薪族制订自己的投资计划以后,安心执行即可。可以再

---

① 岸见一郎,古贺史健. 被讨厌的勇气:"自我启发之父"阿德勒的哲学课 [M]. 渠海霞,译. 北京:机械工业出版社,2015.

花一点儿时间学习理财相关知识，也可以投入更多时间到自己的本职工作或者发展一份副业，都能获得不错的回报，唯独一条路要慎重考虑——专研主动操作，力图击败市场获得更高回报。

工薪族投资者一定要"躺着赚钱"！

一份财务状况速查清单，你准备好投资了吗

理财技能的修炼，发生在投资以外地方。虽然提到理财，大家首先想到的总是投资，但是，投资其实是理财的最后一步，而不是第一步。

良好的财务状况是投资的重要前提，而检查财务状况的核心不是"我有多少钱"，而是"我能'活'多久"，归根结底是"脆弱性"的问题。

我认为，中产与富人的主要区别不是体现在表面的消费水平和日常的生活质量上，而是体现在当前财务状况的抗打击能力和自由度上。

先看个人的生活质量，从无产到中产的过程中，生活质量可以说得到飞跃性的提升。当我们有自己的第一套房子、第一辆车的时候，生活质量明显会上一个台阶。相比之下，从中产到富人的过程，生活质量当然也会上升，但不及从无产到中产那般明显。

那么中产和富人间最大的区别在哪里？

很多人说自己不敢生病，说自己出现中年危机，这都是脆弱的财务状况导致的。当中产因突发事件失去工作时，生活往往会遭遇很大的打击，上有老、下有小，再加上房贷，想想都令人害怕。

活得久比跑得快更重要，只要活着总有机会。所以，检查财务

状况就是要确保自己能"活"着，确保自己能挺过黎明前的黑暗，坚持到下一次机会。

我把自己关于理财的思考和投资的准备，整理成以下包含五个问题的清单，以方便及时回顾自己的财务状况，获得一个更加全面客观的评价。

- 是否真正了解自己的财务状况？
- 是否检查自己的开支结构？
- 是否了解自己的债务状况，先还债还是先投资？
- 是否准备了足够的紧急备用金？
- 是否配置了必要的保险？

是否真正了解自己的财务状况

- 我有多少个账户，包括银行卡、信用卡、支付宝及现金等所有形式？
- 每个账户的余额是多少？总误差不超过 100 元。
- 过去几个月我的收支水平如何？钱都用来干什么了？
- 未来 6 个月内，我会有哪些预期开支？

了解自己的收支和资产水平是理财的前提，也是一切投资的基础。如果不知道自己有多少、花多少，那么应该如何确定自己有多少用于投资呢？

在前文中，我们强调过记账对理财的重要性。记账是帮助我们时刻了解和跟踪自己财务状况的有力工具。

记账是一件容易开始却难以坚持又容易遗忘的小事。对于记账，我常听到这样的反对意见："就算我记了账，该赚多少还是多少，该花的钱也没少花，我记账干什么呢？"

没错，记账本身并不能改变什么，但是记账能让很多改变的发生成为可能。就好比，游戏中显示怪物的血条本身不能让你升级，但可以让补刀成为可能；镜子本身不能提升你的化妆技巧，但至少可以告诉你今天的妆化得好不好。

是否检查自己的开支结构

必需开支，是指那些必须支出的费用，比如房租、贷款、基本餐饮费用、水电费、交通费等；相对应的非必需开支，则包括购物、下馆子、看电影等。

必需开支在总开支中的占比越高，财务状况的弹性就越小，财务越脆弱。这类开支占比过高不一定是收入低的缘故，也可能是自身生活水平与收入水平不对等，比如月薪 1 万元却住着房租 8 000 元的公寓。

我建议必需开支的占比不要超过 60%，理想情况是不到一半。再考虑每个月 20% 左右的购物和娱乐等费用，至少每个月还能保证有不少节余用来投资。

另外，也不建议过于压制购物和娱乐等非必需开支，该享受的时候也需要放松一下。如果过于压制，很可能会导致后期的报复性消费，就和人减肥时饿急了暴饮暴食差不多。省钱和消费之间还是需要一个适当的平衡。

是否了解自己的债务状况， 先还债还是先投资

生活中的债务问题和投资问题一样常见，有些债务是有利的，比如合理的杠杆；而有些债务则是我们财务自由之路上的"拦路虎"，比如为了一时享受而借的消费贷。

有利的债务应该保留，好好利用，而对生活不利的债务则应该尽快处理。所以在开始理财时，我们必须考虑清楚：怎么区分债务的好坏？先还债，还是先投资？其实答案很简单，哪个利率高就先搞定哪个。

如果债务利率是5%，我们投资的预期收益率是10%，那债务拖着不还就等于平白多了5%的收益。而如果反过来，债务利率是10%，投资的预期收益率是5%，那债务拖着不还就越滚越大。所以，如果债务利率更高，就先还债；如果投资的预期收益率更高，就先投资。

这里涉及了两个数字，债务利率和投资的预期收益率。债务的利率是事先约定好的，不需要计算，直接查合同就好了。那么就只需要搞清楚投资的预期收益率是多少。

投资的预期收益率和投资的时间长度息息相关。假如只投资10天，那我们最好选择货币基金类的短期投资，预期收益率约为2%。如果计划投资5年，我们就可以选择波动更高的指数基金，预期收益率约10%。

那么预期收益率的简单估计方法，可以参考表 A–1。

表 A–1　简化的预期收益率估算

时间	预期收益率及方法
1 年以下	2% 左右，余额宝等
3 年	6% 左右，债券基金
5 年及以上	10% 左右，股票指数基金

虽然我们在资本市场的长期收益率很可能会高于10%，可以达

到15%甚至更高的水平，但是在估计的时候我建议还是保守一点，取10%的收益预期率。因为如果投资不顺，我们的收益会下降，但是我们的负债可不会因此降低利息。生活中我们总要给自己留一点儿安全边际才好。

为了帮助大家更好地理解上面的内容，此处举两个例子：

- A有48万元房贷，每月还3 000元，这两年存了10万元，是先还贷还是先定投理财好呢？

一般来说，长期的贷款，比如房贷、车贷，我们可以以10%的利率作为分界。鉴于房贷的利率普遍在5%甚至以下，我们应该尽可能少还，这是相当安全的杠杆。

- B之前没有理财意识，目前为止，包含信用卡已欠款达20万元，是先还债还是边理财边还债？

大部分中短期债务普遍利率比较高，比如信用卡、消费贷（除了信用卡的免息期），利率大都在10%以上，所以这类贷款还是趁早还清吧，越拖延压力越大。

是否准备了足够的紧急备用金

如果突然失去工作，我们能撑多久？回答这个问题时，需考虑以下前提条件：

- 不降低当前生活质量，如果有贷款，不能断供。
- 不影响当前的投资计划，不可提前撤回投资资金。

其实这个问题考察的核心是紧急备用金的配置，紧急备用金的金额建议能够保证6 ~ 12个月的家庭生活开支，包括基本生活费用、贷款、购物消费等所有开支。

虽然以失去工作为假设，但是紧急备用金能应对的情况绝不仅仅如此。日常生活中的变数太多了，生病、修车、意外消费等，每件都是小概率事件，但是小概率叠加起来就变成了大概率。

防患于未然真的很有必要。建议紧急备用金以活期存款或者货币基金等形式保存，要求绝对保本、快速变现。

除了备用金以外，还可以考虑备一张专门的信用卡。真到着急用钱的时候，透支取现的速度最快。然后，一定记得立刻把紧急备用金转出来还信用卡，透支取现没有免息期，非必需时刻不要乱用。

是否配置了必要的保险

请大家考虑以下问题：

- 是否给全部家人配置了医疗相关保险？
- 是否给家庭配置了财产相关保险？
- 保额是否与个人状况相匹配？

日常生活中的意外无外乎来自两个方面——人和钱。所以，医疗相关和财产相关的保险应该是每个人必需的基本保险。

首先必须承认，凡是保险，肯定没有划算的，综合考虑概率和所支付的费用，投保人一定是亏的，不然保险公司怎么赚钱。那么为什么我们还要买保险？保险的目的是防范无法承受的重大风险，所以保额一定要和个人状况相匹配。

举几个例子来说吧，先说医疗方面：

- A 年收入二三十万元，净资产略高于 100 万元，那么 50 万元保额的重疾险就明显保额太低。若真的发生重大灾难，这 50 万元对 A 来说杯水车薪，必然导致生活水平相比以前急剧下滑；而且 50 万元 A 自己也拿得出来，完全在可承受范围内，何必让保险公司把钱赚走。

- B 年收入 8 万元，基本没有存款，还有房贷。50 万元保额，对于 B 来说就很合适。如果没有保险，突发意外对 B 来说就是毁灭性的打击，对 B 来说，50 万元可以做很多事。

再从房产保险方面举例：

- C 辛苦了一辈子，买了一套房，那么与房产价值相匹配的房屋保险就非常必要。万一发生火灾、水灾，C 难道要从头再来一辈子？

- D 有几套房，分别在不同的地段，而且没有房贷。那么对于 D 来说，单个房屋的风险就完全可以内部消化，甚至不需要房屋保险。因为一套房屋的损失对于他来说，并非不可承受，而所有房屋全部损失的概率几乎为零。

配置保险时，最容易出现的问题是最需要的没有配置，却买了一堆自以为可以占便宜的保险。

小结

速查清单的考察目标只有一个——掌握财务状况的脆弱程度，帮我们活得更久，投资更久，最大化地利用复利的优势。

如果速查清单时有不合格的项目，建议先不要急着开始投资，否则现在着急赚的钱，以后迟早要还回去。

回测假设及基金策略选择

"定投是每周好还是每月好？"这是我经常被问到的问题。目前，不论是月定投，还是周定投，大多是基于个人的喜好和习惯，而不是基于客观数据。但是定性讨论总是不及定量分析有说服力，所以我做了量化回测，希望能解答大家一直以来的疑惑。

我考虑了普通投资者的实际情况、现金闲置成本和交易摩擦等因素，确定了下面几个条件：

- 起始本金为零：虽然每个投资者的初始本金千差万别，但是就定投而言，我认为不考虑初始本金最合适。
- 固定现金流入：每月第一个工作日获得固定的现金流入，模拟发工资的情况，工资按照每年10%增长。
- 现金收益率3%：未投资的现金放入货币市场基金，以年化收益率3%计算。
- 基金分红再投入：默认分红自动再投资，获取最大收益。
- 交易佣金：申购费率0.1%，赎回费率0.5%，基金的管理费和相关税费已经体现在净值变化中，无须再专门考虑。
- 复合收益率：计算整个账户（现金＋基金）的总复合收益率，参考基金净值法。

对现金管理的考虑，是我做回测的主要理由。因为我阅读过的公开文章大多没有考虑未投入资金对于收益的影响。但是实际上，现金部分对于总收益的影响还是相当大的。如果手里本来有10万元，只投资了 1 000 元，即使翻倍了又有多大意义呢？

这次回测一共选择了9只基金，成立时间在3~15年，分别涵盖了：宽基指数基金，如沪深300、中证500；行业指数基金，如全指消费、全指医药；还有两只主动基金，是我自己长期持仓的。回测使用的基金数据来自天天基金网。

我分别回测了传统的定额和不定额的价值平均策略。至于其他几种不定额的定投策略，涉及变量太多，而且尚没有一个成型的固定公式，所以暂时没有考虑。但是，我认为就"定投频率"这个问题而言，针对价值平均策略的回测结果足以说明问题。

针对定额定投策略的回测

先针对定额定投策略进行回测，以按月发工资计算，工资收入未投入的部分先放入货币基金，以3%的收益率计算回测结果如表A-2所示。

表 A-2　按每月发工资的回测结果

	运行时间/年	基金总收益率（%）	每周定投的收益率（%）	每月定投的收益率（%）	每季定投的收益率（%）	每半年定投的收益率（%）	每年定投的收益率（%）
景顺300	4.8	17.09	16.44	17.09	16.27	15.50	14.25
兴全300	7.8	6.45	6.90	6.45	6.63	6.27	7.92
博时300	15.0	9.91	9.70	9.91	9.48	8.66	9.63
建信500	4.6	14.41	13.23	14.41	13.12	10.90	7.61
富国500	6.9	9.39	9.48	9.39	10.56	8.90	8.80
全指医药	3.7	5.83	3.57	5.83	3.05	-5.21	-0.01
全指消费	3.1	3.19	4.28	3.19	5.58	0.82	3.85
富国天惠	12.8	19.65	18.81	19.65	17.90	15.73	14.54
兴全趋势	12.8	22.38	21.87	22.38	20.94	19.03	16.56

表A-2中灰色部分就是每只基金收益率最高时对应的定投频率，大多数集中在"每月"这一栏。从结果来看，收益率最高的定投频率恰恰是最常见的每月定投。

而我们之所以会形成每月定投的传统，其实和工资按月发有很大的关系。那么如果一个人的工资是按周发放，结果是不是会不同呢？我按照每周发工资的频率，进行了第二次回测，结果如表A-3所示。

表A-3 按每周发工资的回测结果

	运行时间/年	基金总收益率（%）	每周定投的收益率（%）	每月定投的收益率（%）	每季定投的收益率（%）	每半年定投的收益率（%）	每年定投的收益率（%）
景顺300	4.8	17.09	17.09	16.42	16.59	15.79	14.41
兴全300	7.8	6.45	6.45	6.65	6.74	6.42	8.25
博时300	15.0	9.91	9.91	9.79	9.51	8.56	9.60
建信500	4.6	14.41	14.41	13.91	13.51	10.98	7.24
富国500	6.9	9.39	9.39	9.94	11.15	9.31	9.15
全指医药	3.7	5.83	5.83	5.23	2.74	-7.52	-1.60
全指消费	3.1	3.19	3.19	6.99	7.62	1.56	5.39
富国天惠	12.8	19.65	19.65	18.76	17.45	14.92	13.70
兴全趋势	12.8	22.38	22.38	21.49	20.10	18.06	15.39

从表A-3可以看出，如果按照每周发工资来进行回测，最佳的定投频率就变成了"每周"。

由此可见，对于定额定投策略来说，由于基金本身的长期年化收益率远高于货币基金，在定投频率这个问题上，资金利用率就成了最大影响因素。如果定投频率和工资频率保持一致，就可以资金到账立即投资，实现充分投资。

根据上面的回测结果不难看出，对于定期定额策略而言，最佳的定投频率是工资发放的频率。由于大部分工薪族投资者的工资是按月发放，因此最佳的定投频率当属每月定投。

针对价值平均策略的回测

价值平均策略和定额定投策略在目标上稍有区别，价值平均策略更看重利用市场的过度反应。《价值平均策略》一书也指出，市场的过度反应客观存在，波动性越大的市场越明显。

在不考虑现金闲置问题时，最佳的投资周期应和市场演绎并修正过度反应的周期吻合。但是现实情况中，现金闲置导致的收益下降也必须重视。所以，最佳的投资频率应该是这两者共同作用的结果。

在这部分的回测中，以按月发工资计算，这也符合大部分工薪族投资者的情况，结果如表 A-4 所示。

表 A-4 针对价值平均策略的回测结果

	运行时间/年	定额定投收益率（%）	每周定投的收益率（%）	每月定投的收益率（%）	每季定投的收益率（%）	每半年定投的收益率（%）	每年定投的收益率（%）
景顺300	4.8	17.09	15.67	16.44	17.26	17.55	15.27
兴全300	7.8	6.45	6.59	6.30	6.55	7.57	8.03
博时300	15.0	9.91	9.24	9.96	9.93	10.25	12.87
建信500	4.6	14.41	14.75	16.02	15.20	13.00	8.84
富国500	6.9	9.39	10.27	10.11	10.97	10.23	9.77
全指医药	3.7	5.83	6.53	10.42	8.94	-4.05	1.08
全指消费	3.1	3.19	5.72	5.27	7.61	2.58	5.62
富国天惠	12.8	19.65	16.30	17.21	16.76	16.45	15.33
兴全趋势	12.8	22.38	16.58	17.29	17.70	18.25	17.53

在使用价值平均策略时，最佳定投频率的分布很分散，不存在

一个明显的优势定投频率。但可以确定的是每周定投没有一次获得最高收益率。因为影响定投频率的两个因素，过度反应周期和资金闲置都对每周定投的频率相当不利。

根据通货膨胀调整定投目标

在表 A – 4 中，大家可能也注意到了，价值平均策略的收益率多次不及定额定投策略。其实这在《价值平均策略》一书中也有论述，主要是因为中后期资本增值取代了投入资金成为增长的主要途径，就会导致手中积累过多的闲置资金。如图 A – 1 所示，到后期投资者手中的大量闲置资金会大幅拉低收益水平。

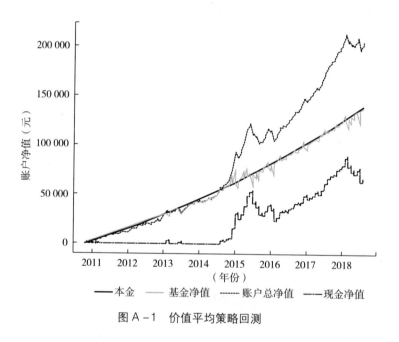

图 A – 1　价值平均策略回测

虽然《价值平均策略》一书的作者在理论测试中，提出了按照比例增长而不是净值增长的修正建议，但是我认为这并不现实，因为这样一来计算和操作的成本会大幅提高，反而背离了定投的初表，而且对于投资而言，变量越多越容易过拟合。

所以，我没有采用比例增长目标的方法，而是尝试提高价值平均策略的增长目标，改善资金利用率，看看收益结果和最佳定投频率是否会有所改变，结果如表 A－5 所示。

表 A－5　定额定投策略与不同增长目标的价值平均策略对比

	每周定投的收益率（%）	每月定投的收益率（%）	每季定投的收益率（%）	每半年定投的收益率（%）	每年定投的收益率（%）
定额定投	22.38	21.49	20.10	18.06	15.39
1 倍增长目标	16.58	17.29	17.70	18.25	17.53
1.5 倍增长目标	20.32	20.95	20.52	19.99	17.02
2 倍增长目标	22.04	22.68	21.20	19.48	16.81

注：所用基金数据来源为兴全趋势。

在提高增长目标，减少闲置资金以后，收益率有所改善。不过最佳的投资频率也随之发生了变化。进一步验证了前面的结论，对于不定额定投，不存在一个优势频率。

以价值平均策略为例，在所有回测的基金中并没有得出一个明显的最佳定投频率，从每月到每年都有出现，而且还会随目标增长的取值而发生变化。

不过，倒是有个明显的最糟糕频率——每周定投。这个结论实际上并不难解释，对于定期不定额的投资策略而言，最大的影响因素无外乎两点：

- 市场过度反应的波动周期。
- 账户资金的利用效率。

而每周定投不论是在哪个方面其实都不占优，这个结果也就是情理之中了。

回到本节最初的问题，"每周定投好还是每月定投好？"从收益的角度来看，对于大部分按月发工资的投资者来说，每月定投无疑是个更好的选择。

虽然在价值平均策略中，每月定投并没有表现出明显的收益优势，但是相比于每季度或者更长的频率，每月定投无疑更符合大家的使用习惯。

从理性的角度来看，不建议把定投频率从每月提高到每周。但是，每周定投也不是全无好处的，我认为每周定投最大的优势在于操作带来的掌控感和成就感。心理因素是投资中不可回避的一部分，操作时的心理快感确实客观存在。至于要收益，还是要感觉，全看投资者自身了。

定投的时间点对收益有多大影响

基于上面的讨论，我又增加了一个回测的内容，如果我们决定每月定投，那么定投的时间点对收益会有多大影响？对于想要按周定投的投资者，不同工作日对于投资有多大影响？

根据最初的回测来看，其实资金的利用效率才是对定投收益影响最大的因素。这个效率可以理解为收到工资和把钱投资出去的时间间隔。越早投资，资金利用率越高，总复合收益率越高。所以最影响收益率的不是月初定投还是月末定投，而是我们是月初还是月末发工资。我们先来看不考虑资金利用效率问题时选择不同时间交易，累计成本的差别，如表 A–6 所示。从结果来看不管什么时候定投，长期累积下来，平均定投成本（成交价格，越低越好）的差别是微乎其微，不到1%，换算成年化收益率以后还要更低。不过，整体来看还是月初定投稍微有点优势，道理很简单，基金长期上涨，长期来看越早买越便宜。

表 A-6　不考虑发工资的点对每月不同时间定投的回测结果

	基金运行时间（年）	月初定投/元	月中定投/元	月末定投/元	最大成本差
景顺300	4.8	1.64	1.65	1.65	0.61%
建信500	4.6	1.81	1.83	1.84	1.63%
博时300	15.0	2.37	2.39	2.38	0.84%
全指医药	3.7	1.27	1.28	1.29	1.55%
全指消费	3.1	1.03	1.03	1.04	0.96%
富国天惠	12.8	4.78	4.83	4.82	1.04%
富国500	6.9	1.46	1.48	1.48	1.35%
兴全趋势	12.8	6.10	6.15	6.15	0.81%
兴全300	7.8	1.10	1.11	1.1	0.90%

　　然后再来看考虑资金利用效率以后的综合结果，假设每月月初发工资，灰色表示最高收益率。因为是月初发工资，那么月初立刻定投的资金利用率最高，因此大多数时候可以获得最高收益率，只少数几只基金出现了例外情况。具体如表 A-7 所示。

表 A-7　按月初发工资对每月不同时间定投的回测结果

	基金运行时间（年）	月初定投的收益率（%）	月中定投的收益率（%）	月末定投的收益率（%）
景顺300	4.8	17.09	16.98	16.76
建信500	4.6	14.41	13.58	13.53
博时300	15.0	9.72	9.57	9.65
全指医药	3.7	5.83	4.98	3.46
全指消费	3.1	3.19	1.89	2.16
富国天惠	12.8	19.65	19.34	19.01
富国500	6.9	9.39	8.64	9.56
兴全趋势	12.8	22.38	22.11	21.70
兴全300	7.8	6.45	6.13	6.85

　　所以，再强调一遍，工资到手尽快投资。

再来看看每周定投的情况，不同工作日定投到底对收益有没有影响呢？说实话我也挺好奇的，因为美国市场有一个经验——大跌总发生在星期一。具体回测结果如表 A–8 所示。

表 A–8　不同工作日对周定投影响的回测结果

	基金运行时间	周一定投的收益率（%）	周二定投的收益率（%）	周三定投的收益率（%）	周四定投的收益率（%）	周五定投的收益率（%）
景顺 300	4.8	13.53	13.59	13.43	13.94	13.85
建信 500	4.6	11.97	11.96	11.88	11.99	11.89
博时 300	15.0	8.95	8.84	8.86	8.91	8.91
全指医药	3.7	2.78	2.47	2.40	2.40	2.52
全指消费	3.1	4.71	4.39	4.53	4.29	4.30
富国天惠	12.8	18.32	18.57	18.52	18.53	18.42
富国 500	6.9	7.95	7.67	7.88	8.05	7.96
兴全趋势	12.8	21.55	21.51	21.58	21.63	21.55
兴全 300	7.8	5.63	5.44	5.53	5.62	5.38

但是从最后的结果来看，周一定投的表现并不如大家所预期的。回测的结果也没有表现出统一性的规律，而且不同工作日定投的收益表现的差别也是微乎其微。

对于每月定投而言，其实月初、月中还是月末定投本身是不影响投资收益的，回测下来平均成本可以认为没有区别。真正影响收益的关键因素是什么时候发工资，回报最高的是发工资以后立刻定投。所以，如果月初发工资，就是月初定投收益最高；如果月末发工资，就是月末定投收益最高。对于每周定投的方案，长期来看是区别基本可以忽略，在回测中没有看到统一性的规律。